"十二五"国家计算机技能型紧缺人才培养培训教材

教育部职业教育与成人教育司
全国职业教育与成人教育教学用书行业规划教材

新编中文版

Painter 2015
标准教程

编著／尹小港

附赠资料
重点范例的视频教学文件、相关素材、
范例源文件

海洋出版社
2016年·北京

内 容 简 介

本书是专为想在较短时间内学习并掌握 Painter 2015 的使用方法和技巧而编写的标准教程。本书语言平实，内容丰富、专业，并采用了由浅入深、图文并茂的叙述方式，从最基本的技能和知识点开始，辅以大量的上机实例作为导引，帮助读者轻松掌握中文版 Painter 2015 的基本知识与操作技能，并做到活学活用。

本书内容： 全书共分为 10 章，着重介绍了电脑绘图与 Paiter；菜单命令详解；Painter 的画笔工具；画笔的设置与管理；颜色设置与填充媒体；图层的应用与管理；图像调整与效果编辑；选区、矢量图形与文本编辑；脚本动作的应用与编辑等知识。最后通过素描石膏像——朱利亚诺、艺术化克隆——人像油画、水粉静物——桌上的白菊、印象派油画——秋日枫景和动漫 CG——遨游 5 个典型实例的制作过程，详细介绍了 Painter 2015 的设计技巧。

本书特点： 1. 基础知识讲解与范例操作紧密结合贯穿全书，边讲解边操练，学习轻松，上手容易；2. 提供重点实例设计思路，激发读者动手欲望，注重学生动手能力和实际应用能力的培养；3. 实例典型、任务明确，由浅入深、循序渐进、系统全面，为职业院校和培训班量身打造。4. 每章后都配有练习题，利于巩固所学知识和创新。5.书中重点实例均收录于素材库中，采用视频讲解的方式，一目了然，学习更轻松！

适用范围： 适用于职业院校电脑绘图专业课教材；社会培训机构电脑绘图培训教材；用 Painter 2015 从事平面设计、美术设计、绘画、平面广告、影视设计等从业人员实用的自学指导书。

说明： 请到 http://pan.baidu.com/s/1cLomPg 下载相关素材。

图书在版编目(CIP)数据

新编中文版 Painter 2015 标准教程/尹小港编著. -- 北京 ：海洋出版社,2016.5
ISBN 978-7-5027-9408-8

Ⅰ．①新… Ⅱ．①尹… Ⅲ. ①三维动画软件—教材 Ⅳ.①TP391.41

中国版本图书馆 CIP 数据核字(2016)第 071897 号

总 策 划：刘斌	发 行 部：（010）62174379（传真）（010）62132549
责任编辑：刘斌	（010）62100075（邮购）（010）62173651
责任校对：肖新民	网 址:http://www.oceanpress.com.cn/
责任印制：赵麟苏	承 印:北京画中画印刷有限公司
排 版：海洋计算机图书输出中心 晓阳	版 次:2016 年 5 月第 1 版
	2016 年 5 月第 1 次印刷
出版发行 海洋出版社	开 本：787mm×1092mm 1/16
地 址：北京市海淀区大慧寺路 8 号（707 房间）	印 张：15.25
100081	字 数：366 千字
经 销：新华书店	印 数：1~4000 册
技术支持:010-62100055	定 价:38.00 元

本书如有印、装质量问题可与发行部调换

前　言

Painter 是 Corel 公司旗下的一款优秀的仿自然绘画软件，专门为渴望追求自由创意及需要数码工具来仿真传统绘画的数字艺术家、插画画家及摄影师、动漫游戏设计师、平面设计师而开发。Painter 通过数字技术，在电脑屏幕上再现了数百种现实画笔和自然媒体的真实绘画笔触效果，可以创作出逼真到极致的油画、水彩、蜡笔、铅笔、丙烯画等丰富多样的艺术绘画作品，堪称艺术级绘画软件。在众多的平面绘图软件中，Corel Painter 以其在数字绘图中诸多特有的强大功能，如无与伦比的仿真表现力、轻松便利的修改恢复、实用高效的克隆功能、绘图操作记录与动画创建功能、丰富的特效命令，成为艺术家们在电脑上展现绘画艺术魅力的首选软件。

最新的 Corel Painter 2015 带来了多项革新功能，以 37 个种类、总数近 900 种样式的笔刷和图像处理工具，继续引领数字绘画软件领域的潮流。本书共包含 10 个章节，以简洁高效的学习方式，带领读者完成对 Painter 从入门到进阶提高的学习过程。

第 1 章了解 CG 插画基本知识和 Painter 软件的功能优势，熟悉 Painter 2015 的软件工作界面。

第 2 章介绍程序菜单中各命令的功能和使用方法；掌握捕捉笔尖形状并应用、录制笔触并应用、创建并编辑动画影片的操作方法。

第 3 章介绍 Painter 2015 所有画笔类型的笔触绘画应用效果、各种画笔变量的绘画操作方法。

第 4 章介绍画笔工具属性栏中基本工具按钮和常见设置选项的应用功能。

第 5 章介绍"颜色""混色器"面板进行调色和色彩设置的方法；了解应用图案、渐变和织物媒体进行图像填充，以及对各种媒体内容的编辑设置方法。

第 6 章了解 Painter 中的各种图层类型、图层蒙版、图层的合成方式、合成深度、不透明度设置的应用效果和设置方法。

第 7 章了解"色调控制"类、"表面控制"类、"焦点"类、"特殊效果"类命令的各种艺术化特效编辑功能。

第 8 章学习选区绘制与编辑工具、矢量图形的绘制与编辑设置、文字工具输入与设置文本样式和效果的方法。

第 9 章了解并掌握脚本的功能和创建、应用的方法。

第 10 章介绍 Painter 数字绘画应用常见类型的实践案例讲解。

在本书的配套光盘中提供了本书所有实例的源文件、学习讲解所使用的素材，以及全书所有上机练习实例的多媒体教学视频，方便读者在学习中参考。

本书内容结构全面完整，语言讲解简洁易懂，可以作为电脑绘图初学者及各类美术爱好者进行电脑绘画创作的入门教材，也可作为大中专院校艺术相关专业的学习教材。

本书由尹小港编写，参与本书编写与整理的设计人员有：徐春红、严严、覃明揆、高山泉、周婷婷、唐倩、黄莉、张颖、黄萍、骆德军、林玲、李伯忠、刘彦君、李英、赵璐、李瑶、何玲、刘丽娜、刘燕、丁丽欣等，在此一并表示感谢。对于本书中的疏漏之处，敬请读者批评指正。

目　录

第 1 章 电脑绘图与 Painter

 学习要点

➢ 了解 CG 插画的基础知识和 Painter 软件的功能优势
➢ 熟悉 Painter 2015 的工作界面
➢ 了解并练习对 Painter 的工作界面进行调整与设置的方法

1.1 了解 CG 插画

CG 是英文 Computer Graphics 的缩写，指通过计算机软件所绘制的一切图形的总称。随着以计算机为主要工具进行视觉设计和生产的一系列相关产业的形成，国际上习惯将利用计算机技术进行视觉设计和生产的领域通称为 CG。它既包括技术也包括艺术，几乎囊括了当今电脑时代中所有的视觉艺术创作活动，如平面印刷品的设计、网页设计、三维动画、影视特效、多媒体技术、以计算机辅助设计为主的建筑设计及工业造型设计等，如图 1-1 和图 1-2 所示。

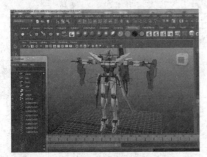
图 1-1 三维模型建模

图 1-2 工业设计绘图

随着视觉艺术的日益商品化和新的绘画材料及工具的出现，插画的概念已远远超出了传统的范畴，在广泛利用现代科技的同时进入了商业化时代。CG 插画，就是指利用计算机和数码设备进行数字的图形绘制，其内容主题涉及广泛，包括商业宣传海报、个性创意绘画、电影分镜草图、游戏角色与场景设定、动漫形象绘画等，如图 1-3 和图 1-4 所示。

图 1-3 商业宣传插画

图 1-4 游戏概念插画

1.2 Painter 的功能优势

在众多的平面绘图软件中，Painter 以其在数字绘图中诸多特有的强大功能，成为艺术家们在电脑上展现绘画艺术魅力的首选软件。

1. 无与伦比的仿真表现力

Painter 以其独有的大量仿真画笔笔刷样式和对墨水、颜料、笔触压感及绘画纸张的真实再现，可以实现极其逼真精美的绘画创作，如图 1-5 和图 1-6 所示。同时，丰富的笔刷样式也可以带来千变万化的绘画表现效果，让画家的奇思妙想可以轻松地展现在电脑屏幕上。

图 1-5　用 Painter 绘制的超写实作品　　　　　图 1-6　用 Painter 绘制的油画作品

2. 轻松便利的修改恢复

不同于使用真实的画笔、颜料在纸张上作画，通过 Painter 使用数码绘图板在电脑上进行绘画创作，不需要准备各种各样的绘画材料，在绘画过程中也可以利用多样的修改工具（如橡皮擦、撤销命令等），轻松修正绘画图像或恢复绘画操作，直至得到理想的绘画效果。

3. 实用高效的克隆功能

Painter 提供的克隆画笔，可以模拟 40 多种不同类型的画笔笔刷，在原图的基础上确定好克隆开始位置后，在当前图像窗口中需要的位置或新建的图像窗口中进行绘画操作，即可以所选择和设置的画笔笔触，轻松绘制出对应风格的艺术画作，快速实现照片到艺术绘画的真实转变，如图 1-7 和图 1-8 所示。

图 1-7　照片原图　　　　　　　　　图 1-8　使用克隆画笔后的绘画效果

4. 绘图操作记录与动画创建功能

在 Painter 中，通过录制新脚本，可以将绘画操作的过程完整地记录下来并保存，然后再通过播放该脚本，在新的图像文件中自动重演该脚本中记录的绘图操作，快速方便地生成新的绘画作品，如图 1-9 所示。同时，还可以将记录的脚本转换为动画影片，方便分享和学习作品的绘画过程。另外，Painter 还支持创建指定时间长度的动画文件，编辑动画图像。

图 1-9　播放脚本重演绘画

5. 支持矢量图形编辑

在 Painter 中进行的绘画，包括位图和矢量图两种类型。位图是指以像素为单位的点阵图像，这些像素点以不同的排列和染色构成图像。在放大位图显示比例时，就可以看见构成整个图像的单个像素。而扩大位图尺寸的效果是增大单个像素，从而使线条和形状显得参差不齐，图形的清晰度降低，如图 1-10 所示。

图 1-10　放大位图显示比例

位图的优点是可以表现出丰富的图像色彩变化，在 Painter 中的所有画笔绘制出来的都是位图图像。Painter 同时也提供了矢量图形绘制工具，可以创建基于点或线条构成的矢量图形，其具有文件占用空间较小，放大图像时不失真的优点。不过矢量图形的构成属性决定了其不能像位图那样通过像素点的阵列表现出千变万化的色彩效果，在 Painter 中通常用于进行个性插画及动漫角色内容的绘制，如图 1-11 所示。

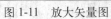

图 1-11　放大矢量图

6. 丰富的特效命令

Painter 还提供了多种用于图像处理的特效命令，可以快速为图像进行整体的效果处理，帮助提供工作效率；或者编辑出真实绘画很难表现或无法实现的绘图效果，展现艺术家独具匠心的影像创意。如图 1-12 所示。

图 1-12　应用特效命令处理图像

1.3　软件安装要求和数位板选购

1. 软件安装要求

要在电脑上安装并使用 Painter 2015 进行数码绘画的学习和创作，需要计算机系统在软件和硬件方面的条件同时满足如下的最低要求。

（1）操作系统：32 位和 64 位 Windows 7、Windows 8 及更高版本，不支持 Windows XP。

（2）CPU：主频 3G 以上的 Intel Pentium 4 或 AMD Athlon 64，推荐双核、四核的 CPU。

（3）内存：最低 2 GB；推荐 4G 及以上，以保障流畅的绘图运算。

（4）硬盘：7200 转/秒的高速硬盘，最低 650 MB 的硬盘空闲空间（软件安装需要 600MB 左右的空间）。

（5）绘画工具：用于选择操作的鼠标和用于绘画的数码绘图板、压感绘图笔。

（6）显示器：支持 1280×800 以上屏幕分辨率的显示器。

（7）安装必要的 Microsoft .NET Framework 4.5 组件。

2. 数位板选购

要发挥出 Painter 仿真画笔的功能优势,配备支持压力感应的数码绘图板（又称"数位板"）是必不可少的。数码绘图板和压感笔，就如同画家的画板和画笔。手写板和鼠标也可以用于绘画，但是不能模拟出画笔绘画的压力变化效果。通常情况下，数位板的性能越好，功能越多，绘画表现能力也越好，同时价格也更高。在选购数码绘图板时，需要根据自己的实际需要，从以下几个主要方面进行选择。

（1）压感级别

压感级别是指对压感笔绘画轻重的感应灵敏度，包括入门级的 512 级、中间级别的 1024 级和专业级的 2048 级。压感级别越高，对绘画时压力变化的感应能力就越灵敏，画笔绘画出的笔触图像也就越细腻，如图 1-13 所示。

（2）分辨率

可以理解为数位板的绘画精度，以单位距离上可以扫描响应的线数作为计量单位，该数值越高，则数位板的绘画精度越高。常用的单位有线/毫米（lpmm）、线/英寸（lpi）。常见的分辨率有 2540、3048、400、5080，现在主流的数位板分辨率有 100 线/毫米（2540lpi）、200 线/毫米(5080 lpi)，如图 1-14 所示。

图 1-13 绘画笔的压感级别

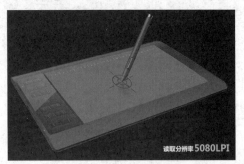

图 1-14 数位板分辨率

（3）感应区尺寸

画笔绘图感应区的尺寸，直接影响绘图操作体验。常见的感应区尺寸有 6×4 英寸、8×5 英寸、10×6 英寸等。对于一般的绘图工作者来说，感应区太小或太大都不合适。感应区太小，则绘画操作就会受限制，不能顺利舒展。感应区太大，则绘画时手臂、手腕需要更大的运动范围，容易造成疲劳。专业的动画公司可能会需要超大尺寸的绘图板，但并不适合一般用户。通常以用户的双手手掌放在板面上时能容纳或略微大一点比较适合，在选购时可以根据实际情况考虑，如图 1-15 所示。

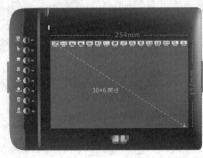

图 1-15 感应区常见尺寸

（4）其他便捷功能

随着数码产品功能与技术的不断提升，数位板的功能也越来越全面。例如支持蓝牙或 WiFi 连接的无线数位板、可以自定义多个功能的绘图笔、支持手指触摸操作的板面、提供多种常用操作快捷按键、集成操作系统和绘图软件的平板电脑数位板等，如图 1-16 所示。

图 1-16 功能更丰富的数码绘图板

1.4 启动 Painter 2015

安装好 Painter 2015 以后，通过执行"开始"菜单命令或双击桌面上的程序快捷方式，可以启动 Painter 2015。在程序弹出的欢迎窗口中，包含了 3 个选项卡，为用户提供了效果欣赏、快捷新建项目、分享和学习等内容。

1. 灵感选项卡

在该选项卡中，随机展示了一些使用 Painter 绘制的优秀绘画作品或绘画教程。单击图像框下方的 按钮，可以更新显示程序新推荐的其他绘画作品。左下方显示了该作品的画家名，右下方显示了展示该作品的网站，可以通过单击该链接进行访问，如图 1-17 所示。

2. 新建选项卡

在该选项卡中，提供了多个常用基础操作的快捷命令，方便用户在启动程序时快速选择相应的项目开始绘图编辑工作，如图 1-18 所示。

图 1-17　灵感选项卡

图 1-18　新建选项卡

- Painter 2015 新功能：启动浏览器并打开 Corel 官方网站，浏览在 Painter 2015 版本中的新功能内容。
- 笔刷笔迹：在打开的"画笔笔迹"对话框中，用绘图笔在左边的空白区域用力按住并快速绘画，程序将记录并分析当前用户的操作力度和绘画速度，单击"确定"按钮，可以将记录的强度值应用到当前程序设置；在绘画过程中通过"帮助→欢迎"命令打开欢迎窗口并记录新的画笔轨迹，勾选"应用至当前画笔变量"复选框并单击"确定"按钮，可以将记录的强度值应用到当前正在绘图的画笔变量上。单击"取消"按钮，则不改变程序对绘画笔迹的设置，继续使用默认的笔迹设置，如图 1-19 所示。
- 颜色管理：在打开的"颜色管理设置"对话框中，显示了当前程序所使用的默认颜色配置，可以根据实际工作需要对各选项的配置文件进行选择并应用。一般用户通常无须修改，保持默认设置即可，如图 1-20 所示。
- 新建图像：单击该按钮将打开"新建图像"对话框，可以根据需要为将要创建的图像设置名称、尺寸、分辨率、背景颜色及纸张类型，单击"确定"按钮，即可创建一个新的图像编辑窗口，如图 1-21 所示。

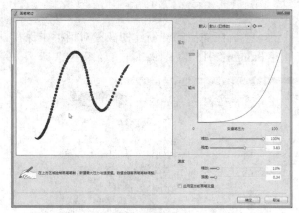

图 1-19　分析画笔笔迹

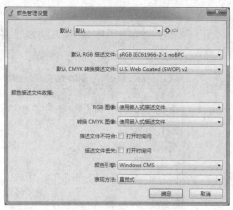

图 1-20　颜色管理设置

- 打开已有图像：单击该按钮，可以在弹出的"打开"对话框中选择要打开的绘图文件，如图 1-22 所示。

图 1-21　新建图像

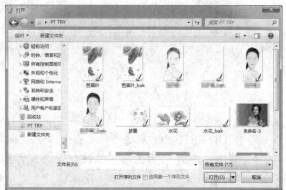

图 1-22　打开图像

- 最近的文件：在该下拉列表中，显示了最近在程序中打开过的图像文件，方便用户快速打开这些图像文件，继续之前的绘图编辑工作。
- 文件模板：在该下拉列表中，列出了程序当前提供的图像文件创建模板；选择一个模板项，可以直接创建对应尺寸和分辨率的空白图像文件，无须打开"新建图像"对话框进行设置。
- 安排您的工作区：为方便不同用户的编辑需要与操作习惯，可以在此选择需要的工作区模式，即可将 Painter 的工作区调整为对应的界面布局，显示对应工作需要的浮动面板及布局位置，包括"新笔刷""简单""照片美化""插图""默认"模式。
- 取得工作区：启动浏览器并打开 Corel 官方网站的对应页面，由用户选择需要的工作区布局项目文件进行下载和应用。

3. 分享与学习选项卡

在该选项卡中列出了软件厂商与其他艺术家、教学机构共同协办的作品、资源分享和学习教程的网络链接，方便用户根据需要进行选择，将自己的作品上传到网络中或选择需要的教程进行自学提高。

1.5 Painter 2015 工作界面简介

在"新建"选项卡中单击"新建图像"按钮，然后在弹出的"新建图像"对话框中保持默认的选项设置并单击"确定"按钮，即可打开 Painter 2015 的工作窗口，如图 1-23 所示。

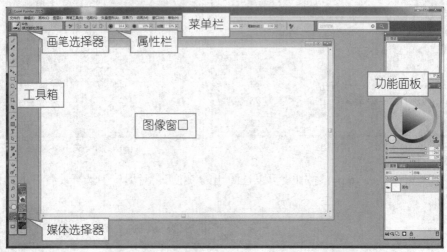

图 1-23　Painter 2015 的工作界面

1. 菜单栏

菜单栏位于 Painter 2015 工作窗口的顶部、标题栏的下面，主菜单分为文件、编辑、画布、图层、画笔工具、选择、矢量图形、效果、动画、窗口和帮助菜单 11 项。

- 文件：主要包括新建图像、打开文件、保存文件、打印、退出等文件操作的基本命令。
- 编辑：主要包括还原、重做、剪切、复制、粘贴、变换、翻转图像等文件编辑的基本操作命令，以及定制键盘快捷方式、首选项参数设置等对编辑操作的相关应用进行设置的命令。
- 画布：主要包括进行图像大小修改、画布尺寸修改、旋转画布，以及显示和设置标尺、网格、辅助线等图像窗口设置调整的相关命令。
- 图层：主要包括新建不同类型的图层和蒙版，对图层进行排序、移动、群组、合并，以及对图层进行特效处理等相关命令。
- 画笔工具：主要包括对画笔变量进行创建、设置、导入或导出等操作命令。
- 选择：主要包括选用不同的命令选择对应的内容、选区，以及对选区进行修改调整的相关命令。
- 矢量图形：主要包括对矢量图形的路径进行修改调整、设置矢量图形属性、对矢量图形进行转换的相关命令。
- 效果：包含了多类别数十种用于对图像进行特效处理的滤镜命令，方便为图像进行丰富的变化调整。
- 动画：主要包括创建动画和对动画内容进行设置和调整的相关命令。
- 窗口：主要用于控制工作界面中各个窗口或面板的显示，以及切换和管理工作区布局。
- 帮助：通过帮助菜单，可以打开软件的帮助系统，获得需要的帮助信息。

在打开的菜单列表中，该命令后面带有省略号（……）的，表示执行该命令后，将会打

开对应的设置对话框，进行对应的进一步设置；在编辑过程中，按下与各命令行末尾显示的
对应快捷键，即可快速执行该编辑命令，如图 1-24 所示。

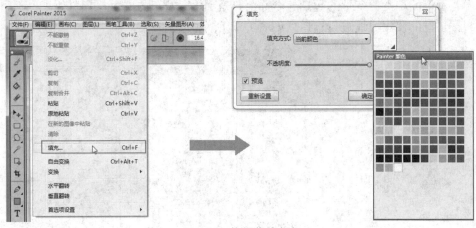

图 1-24　执行菜单命令

2．画笔选择器

单击"画笔选择器"栏前面的画笔样式图标，可以在弹出的选择器面板中，选择 37 个
种类、总数近 900 种样式的笔刷和图像处理工具。一般情况下，"画笔选择器"栏中画笔图
标后面显示了当前所选择的画笔类型及其笔刷样式。在其下面的"最近的画笔"栏中，依次
显示了最近使用过的笔刷；下方的"Painter 2015 画笔"面板左边，列举了软件提供的 37 种
画笔类型，选择一个画笔类型后，可以在右边展开的列表中选择需要的笔刷样式（在 Painter
中称为"画笔变量"）；各个画笔变量的名称，即表示了该笔刷的基本属性，如图 1-25 所示。

单击画笔面板右上方的扩展命令按钮![icon]，可以在弹出的命令选单中，选择需要的命令
执行对应的设置。例如在"类别显示""变量显示"命令的子菜单中，可以选择将画笔类别、
画笔变量以图标显示或以名称列表显示，方便用户以自己习惯的方式选择需要的画笔，如
图 1-26 所示。

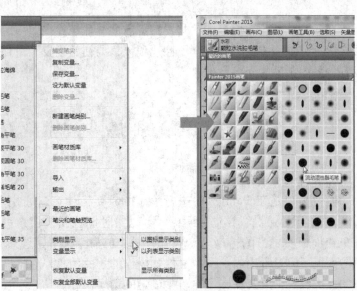

图 1-25　画笔选择器　　　　　　　　　图 1-26　设置画笔显示方式

另外，Painter 为方便老用户的画笔选用习惯，还提供了之前两个版本的画笔材质库样式，可以在扩展命令菜单中通过"画笔材质库"命令的子菜单进行选择。在不同版本的"画笔选择器"中，画笔的种类、变量的数量与名称会有差别，以及下方的画笔预览效果也不同，用户可以根据自己的使用习惯进行选择，如图 1-27 所示。

图 1-27 根据需要选择画笔材质库版本

3. 属性栏

在工具箱中选择需要的工具进行图像编辑时，属性栏中会显示当前所使用工具的相应参数与选项，方便用户定义工具的工作状态和参数设置。选择不同的工具，属性栏中的设置选项也会不同。如图 1-28 所示分别为选择"油漆桶"工具、"橡皮擦"工具、"文字"工具和"艺术画笔"工具时的属性栏选项。

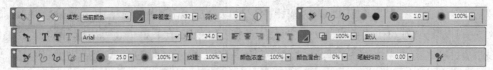

图 1-28 工具属性栏

在所有工具的属性栏中，其左端都有一个黑色左向箭头的"重新设置工具"按钮，单击该按钮，可以将该工具的所有属性选项恢复为初始设置，方便用户快速返回工具的默认参数设置，如图 1-29 所示。

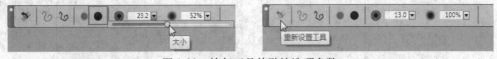

图 1-29 恢复工具的默认选项参数

4. 图像窗口与导览面板

图像窗口是在 Painter 中进行绘画的重要工作窗口，用于显示、描绘和编辑图像，如图 1-30 所示。通过"导览"面板，可以实时调整图像窗口中图像的显示区域和显示比例。在单击面板右上方的扩展命令按钮 弹出的命令选单中选择"显示信息"命令，可以在"导览"面板下方显示出当前图像文件和操作的相关信息，包括图像尺寸、图像分辨率，鼠标当前的左边位置，以及在图像窗口中创建的选区尺寸等信息，如图 1-31 所示。

图 1-30　图像窗口

图 1-31　"导览"面板

5. 工具箱

工具箱是 Painter 中进行图像编辑处理时重要的功能面板，用户可以通过选择各种工具进行编辑操作。默认状态下，工具箱停靠在程序窗口的左边。通过工具箱，可以完成选择和裁剪图像、填充图像与选区、添加文字、绘制矢量图形、缩放图像窗口显示比例、选择颜色及纸张等操作。

将光标移动到工具按钮上停留片刻，将会出现该工具的名称。在工具按钮左下方显示有三角符号的，表示该工具还有隐藏的工具。在这类工具按钮上按住鼠标左键不放或单击鼠标右键，即可弹出隐藏的工具。将光标移动到弹出的工具按钮上，即可选择相应的工具，如图 1-32 所示。

双击"主颜色和副颜色"图标 ● 中的任一颜色图形，可以打开"颜色"对话框，设置需要的主颜色或副颜色。单击该图标左下方的反转箭头，可以切换当前所设置主副颜色的色相 ○；单击"纸张材质"图标 ▨，可以在弹出的"纸张材质"面板中，为当前绘画编辑工具设置要应用的纸张类型，如图 1-33 所示。

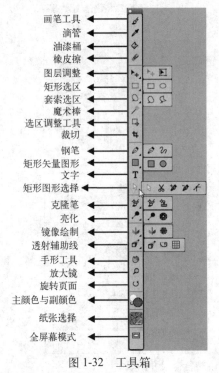

画笔工具
滴管
油漆桶
橡皮擦
图层调整
矩形选区
套索选区
魔术棒
选区调整工具
裁切
钢笔
矩形矢量图形
文字
矩形图形选择
克隆笔
亮化
镜像绘制
透射辅助线
手形工具
放大镜
旋转页面
主颜色与副颜色
纸张选择
全屏幕模式

图 1-32　工具箱

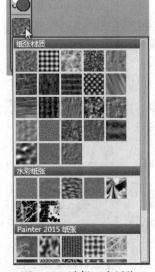

图 1-33　选择画布纸张

在 Painter 中进行绘画时，可以选择多种纸张材质，模拟在现实绘画中的真实绘画纸张上绘画的效果。同一个画笔变量，在不同的纸张材质上绘画，纸张纹理对颜料的效果表现也不同。而且，即使在同一图层上绘画时，也可以为每次绘画操作应用不同的纸张类型，如图 1-34 所示为选择"水粉笔→覆盖宽画笔 40"画笔，先设置纸张材质为"小网点纸"，然后使用压感笔写出左边的"网"字；再将纸张材质设置为"高反差随机裂缝"，继续使用同样的画笔设置写出右边的"差"字，两个字的绘画笔迹中，分别显现了对应的纸张材质纹理效果。

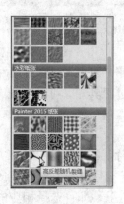

图 1-34　纸张材质应用绘画效果

6. 媒体选择器

在 Painter 中，"图案画笔""图案水管""特效"等几种特别的画笔可以直接绘画出带图案的内容。单击"媒体选择器"面板中各个对应的图标，可以在弹出的面板中为对应的画笔选择需要的图案内容，如图 1-35 所示。

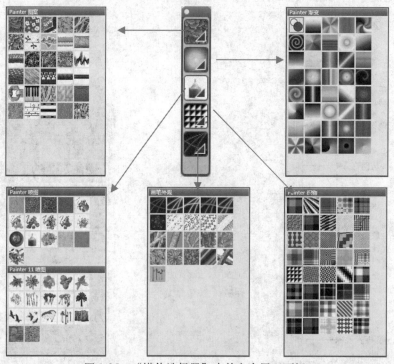

图 1-35　"媒体选择器"中的各个展开面板

7. 功能面板

　　功能面板集通常显示在程序窗口的右侧，提供了在进行绘画操作时所需要的画笔变量、颜色及图层等设置。在默认工作区布局状态下显示的面板，包括"导航""颜色""图层"面板。在编辑过程中，可根据操作需要，选择性地打开必要的面板，避免占用过多的工作空间，方便在绘图工作中对图像进行预览和选择。

　　Painter 将同类功能的面板组合在同一个面板集中，用户可以根据操作习惯或编辑需要，将单个功能面板拖拽成独立的浮动面板，也可以将几个面板集成在同一个面板集中进行重新组合。单击面板名称标签，即可显示出该面板；双击面板名称，可以展开或隐藏面板中的参数设置区域，如图 1-36 所示。单击面板名称签名的⊠符号，可以关闭该面板的显示，如图 1-37 所示；将鼠标移动到面板集顶部的圆点上并单击，可以关闭面板集；通过"窗口"菜单命令，可以选择打开需要的功能面板。

图 1-36　卷展功能面板

图 1-37　关闭功能面板

1.6　界面布局的调整与设置

　　为了满足不同的工作需要，Painter 提供了 5 种不同功能布局的界面模式。不同的布局模式，显示的面板、功能窗口的数量和排列形式也不同。除了可以在欢迎窗口的"新建"选项卡中选择要应用的界面布局外，也可以在任意需要的时候，执行"窗口→排列面板"命令，在弹出的子菜单中选择需要的工作布局模式，如图 1-38 所示。

图 1-38　选择界面布局模式

- 新画笔：除了显示默认的基本功能面板外，还将显示用于定义画笔变量具体笔刷样式效果的参数面板，通常在需要对所选择的画笔变量进行修改设置或创建新的画笔样式时使用，如图1-39和图1-40所示。

图1-39　默认布局模式　　　　　　　　　　图1-40　"新画笔"模式

- 插画：除了显示基本功能面板外，还将显示"笔触属性"、横向的"最近使用过的画笔"面板，同时将"媒体选择器"面板横向排列，方便在进行插画创作时快速调用，如图1-41所示。
- 照片美化：除了用于艺术绘画的创作，Painter还提供了多种对照片图像的美化处理功能，如添加照片底纹，调整色彩、明度、饱和度、对比度等照片信息，以及配合艺术画笔的应用，编辑出富有艺术气息的照片效果，如图1-42所示。

图1-41　"插画"模式　　　　　　　　　　图1-42　"照片美化"模式

- 简单：简化界面布局，保留绘画编辑最常用的工具和快捷按钮，将绘图工作区最大化，适合对Painter的各种画笔和编辑功能比较熟悉的用户使用，如图1-43所示。

另外，在"窗口→排列面板→快速切换"命令下的"配置1""配置2"中各选择一种用户常用的布局模式后，即可通过执行"窗口→排列面板→快速切换→切换配置"命令，快速在两种布局模式之间切换，如图1-44所示。

在调整好适合自己使用习惯的工作空间布局后，可以通过执行"窗口→排列面板→保存布局"命令，在弹出的"面板配置名称"对话框中输入布局配置名称并按"确定"按钮，将其创建为一个新的界面布局，即可方便在以后选择使用，快速将程序界面调整为需要的布局模式，如图1-45所示。

图 1-43　"简单"模式

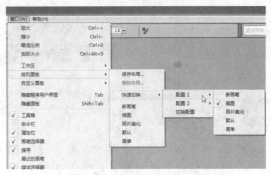

图 1-44　设置快速切换配置

图 1-45　创建用户自定义的布局

在编辑过程中，按"Tab"键可以切换所有面板和工具箱、属性栏，只保留图像窗口的显示与隐藏；执行"窗口→屏幕模式切换"或按"Ctrl+M"键，或按下工具箱最下面的"全屏幕模式" ▣ 按钮，可以将程序窗口在当前大小与全屏最大化之间切换，以获得最大的绘画空间。

1.7　课后习题

一、选择题

1. 下列选项，不属于数码绘图板属性参数的是（　　）。

　　A. 读取分辨率　　　B. 刷新频率　　　　C. 压感级别　　　　D. 笔感知高度

2. 通过程序欢迎窗口中的"新建"选项卡，下列操作中不能实现的为（　　）。

　　A. 新建 Photoshop 图像文件　　　　　B. 打开 Photoshop 图像文件

　　C. 下载工作区布局　　　　　　　　　D. 启动"插图"界面布局

二、操作题

调整工作区中各工具面板的集合和位置，然后将当前工作区布局保存为新的自定义布局样式。

第 2 章　菜单命令详解

学习要点

➢ 了解并熟悉程序菜单中各命令的功能和使用方法
➢ 掌握捕捉笔尖形状并应用、录制笔触并应用、创建并编辑动画影片的操作方法

在 Painter 中进行的绘画和图像编辑操作，大部分都可以在各个工作窗口和功能面板中完成。菜单命令主要用于完成一些必要的辅助工作，如创建图像文件、设置首选项参数、切换各类辅助线显示、图层编辑管理、应用图像处理特效、开启需要的功能面板等。本章将对 Painter 2015 的主要菜单命令的功能进行介绍。

2.1　文件菜单

"文件"菜单主要包括一些对图像文件进行操作的命令，如图 2-1 所示。

● 新建文件：单击"新建文件"选项打开"新建图像"对话框，可以根据需要为图像设置名称、尺寸、分辨率、背景颜色及纸张类型，然后单击"确定"按钮，即可创建一个新的图像编辑窗口。在"画布默认"下拉列表中可以选择 3 种常用的图像类型，各自采用不同的尺寸、颜色和纸张材质，如图 2-2 所示。用户也可以在设置好常用的图像属性后，单击后面的"添加"按钮➕，将该设置添加为新的图像类型，方便以后快速创建同样图像属性的新文件。

图 2-1　"文件"菜单

● 打开：执行该命令，在弹出的"打开"对话框中选择要开启的图像文件或视频文件（Painter 支持 MOV、AVI 格式的视频动画文件图像编辑），如图 2-3 所示。勾选"选择第一个序列文件"复选框，可以选择序列动画文件并打开。

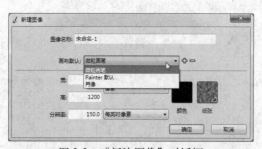

图 2-2　"新建图像"对话框

图 2-3　"打开"对话框

- 置入：执行该命令后，在弹出的"置入"对话框中设置需要的大小比例和图像选项，在图像窗口中将以虚线表示图像的大小，在需要的位置单击鼠标左键，即可将选择的图像置入到该位置，如图 2-4 所示。

图 2-4　置入图像

- 关闭：关闭当前图像窗口。
- 快速克隆：对当前正在编辑的图像进行快速克隆，生成一个新的图像文件并关闭原图像。在新的图像窗口中显示可调节不透明度描图纸（可以看见相同的图像内容，作为描摹参考，但该图像不会显示为图层，也不会显示在以非 RIFF 格式保存的图像文件中），并自动开启"克隆来源"对话框，显示对描图纸图像的设置选项，如图 2-5 所示。
- 克隆：对当前正在编辑的图像进行克隆，不会对当前图像产生影响。
- 保存：打开"将图像另存为"对话框，对未保存过的图像文件进行保存，或保存对图像进行的修改编辑。Painter 的默认图像文件格式为 RIFF，可以在"保存类型"下拉列表中选择其他需要的文件保存格式。
- 重复保存：可以将进行了修改编辑后的图像文件，自动以上一次保存的文件格式另存为一个新的副本。
- 恢复保存值：执行该命令，可以将图像文件恢复至上一次保存时的状态，如图 2-6 所示。

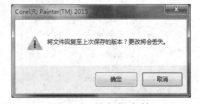

图 2-5　执行快速克隆　　　　　　　　　　　图 2-6　恢复保存值

- 简介：可以在弹出的对话框中为当前图像文件添加一些注释信息，用以添加一些备忘信息或方便其他协同工作人员了解编辑信息，如图 2-7 所示。
- 输出：将当前文件输出为指定文件格式，默认输出为 Adobe Illustrator 文件格式。

- 电子邮件图像：在打开的对话框中设置好当前图像文件的保存格式，然后启动邮件程序并自动将输出图像加入到邮件附件中以备发送。
- 页面设置：在打开的"页面设置"对话框中为当前图像进行打印页面设置，如图 2-8 所示。

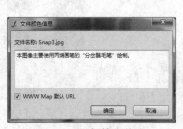

图 2-7　添加简介信息

图 2-8　设置页面

- 打印：启动"打印"对话框，选择打印机并执行打印。

2.2　编辑菜单

"编辑"菜单中的命令主要用于对所选对象执行剪切、复制、粘贴、撤销或重做、设置首选项参数等操作，如图 2-9 所示。

- 撤销：撤销上一步操作，返回上一步时的编辑状态。Painter 默认的可撤销次数为 32 次，可以通过首选项参数设置修改到最大 255 次。
- 重做：在刚刚执行过撤销操作后，可以通过此命令重新应用上一步被撤销的操作。
- 淡化：执行该命令，可以在弹出的"淡化"对话框中对上一步绘画或特效的应用效果进行淡化消褪的恢复，如图 2-10 所示。

图 2-9　"编辑"菜单

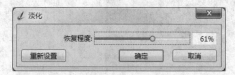

图 2-10　设置淡化消褪

- 剪切/复制：剪切或复制当前图层中选区内的图像。
- 复制合并：将所有图层在选区范围内的图像作为合并图像并复制。
- 粘贴：在新图层中粘贴刚刚剪切或复制的图像。
- 原地粘贴：在新图层中与刚刚剪切或复制时相同的位置粘贴图像。

- 在新的图像中粘贴：在新建的图像文件中粘贴剪切或复制的图像，新图像的大小与选区尺寸相同。
- 清除：清除当前图层中在选区范围内的图像。
- 填充：对当前图层或选区进行填充。打开"填充"对话框后，在"填充方式"下拉列表中可以选择以颜色、渐变、图案、织物纹理等进行填充；在"不透明度"选项中可以设置填充的应用程度，如图 2-11 所示。

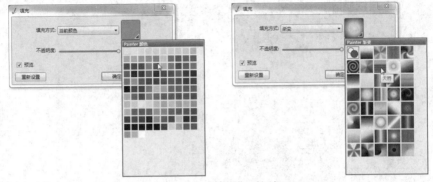

图 2-11　"填充"对话框

- 自由变换：执行该命令后，工具箱中的工具将自动切换为"变形"工具，可以对当前图层或选区中的图像进行缩放、旋转、倾斜、扭曲等变形操作。
- 变换：在该命令的子菜单中选择"缩放…"命令，可以在打开的"缩放选区"对话框中为当前图层或选区中的图像设置水平、垂直方向上的对比缩放比例；取消对"保持外观比例"复选框的选区，可以分别调整水平和垂直缩放比例，如图 2-12 所示。选择"旋转…"命令，可以在弹出的对话框中设置需要的旋转角度并应用，如图 2-13 所示。选择"重新设置参考点"命令，可以将移动后的参考点恢复至初始位置。选择"确认变换"命令，可以确认应用的变换调整。

图 2-12　"缩放选区"对话框

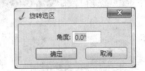

图 2-13　"旋转选区"对话框

- 水平翻转/垂直翻转：对当前图层中的图像进行水平翻转或垂直翻转，如图 2-14 所示。

图 2-14　对图像进行水平翻转和垂直翻转

- 首选项设置：在执行该命令子菜单中的命令后弹出的对话框中，可以对程序的基本设置进行调整，例如，设置按下键盘上的"["键或"]"键对画笔的大小加大或减小时，单次按下所递增或递减的大小；程序可记录的撤销恢复次数等内容。

➢ 常规：该选项卡中的选项主要用于对程序的一些基本属性进行设置，例如，勾选
"保存时新建备份"复选框，则在保存文件时，将自动创建一个"文件名_bak.rif"
的备份文件；默认情况下，按键盘上的"["或"]"键，可以对当前画笔的大小进
行每次 1 像素大小的增减，在"画笔大小递增"选项中可以自行设置需要的单次
增减大小，如图 2-15 所示。

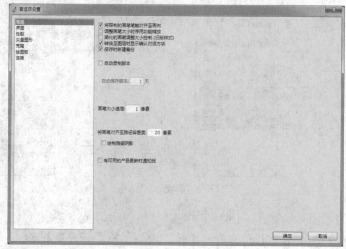

图 2-15　"常规"选项

➢ 界面：该选项卡中的选项主要用于对工作界面中显示项目的属性进行设置，例如，
在"光标类型"选项中可以选择不同的光标显示样式；设置工作区的距离应用单位
和背景颜色；默认视图模式为窗口显示还是全屏显示；在下方的"工具箱配置"、"媒
体配置"、"命令列配置"选项中，可以设置工具箱、媒体选择器、命令栏等的排列
方式和方向，方便用户更细致地设置适合自己操作习惯的界面布局，如图 2-16 所示。

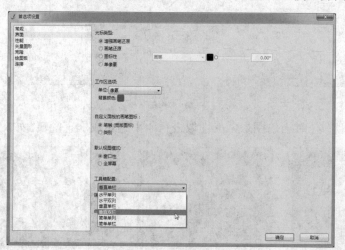

图 2-16　"界面"选项和设置为垂直双栏排列的工具箱

➢ 性能：该选项卡中的选项主要用于对程序工作时所需要的电脑硬件性能进行配置，
例如，在"内存使用状况"选项中可以设置程序工作可以占用的最大内存比例；

设置进行绘图运算时的缓存磁盘位置；在"恢复程度"选项中可以设置程序可以撤销的次数，设置的次数越多，占用系统资源也越多，如图 2-17 所示。

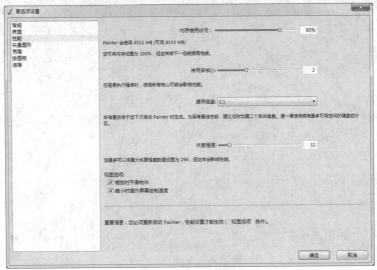

图 2-17　"性能"选项

➢ 矢量图形：该选项卡中的选项主要用于对绘制矢量图形时的编辑细节和矢量控制线显示颜色进行设置。例如，在"绘图路径"选项中勾选"以当前颜色填入"选项，则绘制矢量路径时，将自动以属性栏中当前设置的填充色对矢量图形进行填充；勾选"封闭路径"选项中的"以当前颜色填入"选项，则只有在将绘制的矢量路径封闭后才应用当前颜色进行填充；在"颜色"选项中，可以对矢量路径上的路径控制线、路径外框、节点等的颜色进行设置，如图 2-18 所示。

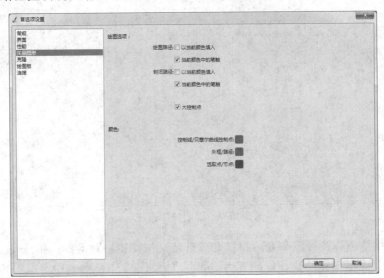

图 2-18　"矢量图形"选项

➢ 克隆：该选项卡中的选项主要用于对执行"快速克隆"命令后的程序操作进行设置。例如，勾选"关闭来源图像"选项，则执行命令后自动关闭来源图像窗口，如图 2-19 所示。

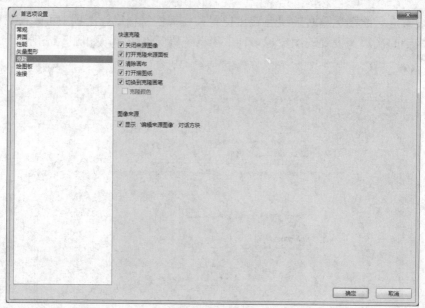

图 2-19　"克隆"选项

> 绘图板：该选项卡中的选项主要用于对所使用的绘图板设备兼容类型和启用哪种多点触控方式进行选择，如图 2-20 所示。

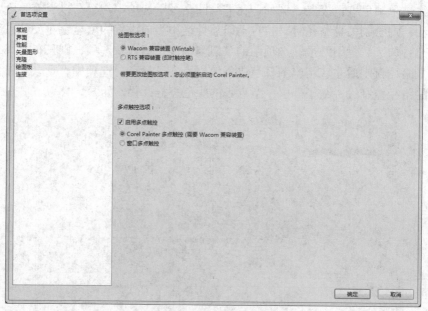

图 2-20　"绘图板"选项

- 自定义快捷键：执行该命令后将打开"自定义快捷键"对话框，在"按键组"下拉列表中可以选择预设的快捷键配置方案；在"快捷键"下拉列表中可以选择要在下方列表中查看快捷键的命令类型；在下方的列表中显示了各命令的快捷键设置，如图 2-21 所示。在"快捷键"列表中选择一个命令的快捷键后，在键盘上按新的快捷键组合，可以将该命令的快捷键修改为新按的快捷键组合；如果新设置的快捷键与已经存在的快捷键有冲突，则程序将自动提示并引导用户重新设置该命令的快捷键。

图 2-21　自定义快捷键设置

上机练习 01　对图像进行自由变换

1　执行"文件→打开"命令或按"Ctrl+O"键，打开本书素材库中的"Reader\Chapter 2\上机练习 01\瓢虫.rif"文件；执行"编辑→自由变换"或按"Ctrl+Alt+T"键，进入对当前图层的变换调整状态。

2　将光标移动到控制框四边中间的控制点上，在光标变为 ↔ 或 ↕ 形状时按住并拖动鼠标，可以对图像进行水平或垂直方向的缩放，如图 2-22 所示。

图 2-22　水平缩放图像

3　将光标移动到控制框四角的控制点上，在光标变为 形状时按住并拖动鼠标，可以同时在水平和垂直方向对图像进行缩放，如图 2-23 所示。

图 2-23　缩放图像

4　将光标移动到控制框四角的控制点上并按住"Ctrl"键，当光标变为↻形状时按住并拖动鼠标，可以对图像进行旋转，如图 2-24 所示。在旋转图像的过程中按住"Shift"键，可以按"15"度的增量对图像进行旋转。

图 2-24　旋转图像

5　按住"Alt"键的同时拖动四角上的任一控制点，将以参考点为中心对图像进行倾斜；将光标移动到控制框四边的控制点上并按住"Ctrl"键，将以参考点为中心对图像进行倾斜，如图 2-25 所示。

图 2-25　倾斜图像

6　在按住"Alt"键的同时拖动四角上控制点的过程中释放"Alt"键，可以只改变被拖动控制点的位置，对图像进行扭曲，如图 2-26 所示。

图 2-26　扭曲图像

7 按住"Ctrl+Alt"键的同时拖动四角上的任一控制点，可以对图像进行透射扭曲，如图 2-27 所示。

图 2-27 对图像进行透射扭曲

8 拖动控制框中心的参考点 ✛ 的位置后，对图像进行的变换都将以新的位置为轴心进行，如图 2-28 所示。

图 2-28 调整参考点位置

9 将图像变换成需要的状态后，按下键盘上的 Enter 键，即可应用变换，同时图像边缘的控制框将消失，如图 2-29 所示；按下 Esc 键，则取消变换调整操作，恢复至该变换操作进行之前的状态。

图 2-29 应用变换

在选择"变形"工具的状态下，通过在其属性选项栏中按下的对应按钮，可以直接对图像进行对应的变换操作，如图 2-30 所示。

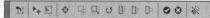

图 2-30　"变形"工具属性栏

2.3　画布菜单

"画布"菜单中的命令主要用于设置图像画布、图像的纸张光照模拟效果、标尺、网格、辅助线等辅助工具的参数与显示等，如图 2-31 所示。

- 改变大小：单击"改变大小"选项将打开 "调整大小"对话框，其中显示了工作图像当前的尺寸大小、文件大小；在下方的文本框中可以输入新的宽度或高度（图像的高宽比保持不变）、分辨率，按 "确定"按钮进行应用后，即可对整个图像进行大小的缩放修改，如图 2-32 所示。

- 画布尺寸：在打开的"画布尺寸"对话框中，显示了工作图像当前的尺寸大小，在下面的对应方位文本框中输入数值，执行应用后，图像窗口中的图像大小保持不变，画布大小则根据输入的数值裁切（输入负值）或扩展（输入正值），如图 2-33 所示。

图 2-31　"画布"菜单

图 2-32　"调整大小"对话框

图 2-33　"画布尺寸"对话框

- 旋转画布：在该命令的子菜单中选择对应的命令，可以对画布图像进行 90°、180°、任意角度的旋转，以及在水平方向、垂直方向上翻转画布。
- 表面灯光：在打开的"表面灯光"对话框中，可以通过对应的选项设置对画布上图像的光照效果进行模拟，如图 2-34 所示。
- 启用厚涂：勾选该复选框，可以在图像上显示出画笔鬃毛笔触的光照效果，颜料涂抹的笔触会更明显；取消勾选，则不会显示纸张上的光照效果，此对话框下面的所有选项设置都将无效，如图 2-35 所示。

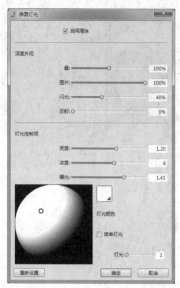 

图 2-34　"表面灯光"对话框　　　　图 2-35　勾选与不勾选"启用厚涂"选项的效果对比

➢ 量：通过拖动滑块或输入数值，调整光线在图像上照射的深度大小。

➢ 图片：设置图像的整体受光程度，数值越大，则受光越全面，图像越明亮；数值越小，则图像越暗。

➢ 闪光：设置图像表面的光泽程度，数值越大，图像上表现的金属反光程度越明显。

➢ 反射：设置画笔笔触在纸张纹理上的反射程度，数值越大，则纹理反射越强。

➢ 亮度：设置灯光的光照亮度，数值越大，则光线亮度越大。

➢ 浓度：设置灯光在图像表面上的高光范围，数值越大，则高光越集中。

➢ 曝光：设置灯光的曝光程度，数值越大，则曝光范围越大。

➢ 灯光颜色：单击该颜色块，在弹出的色彩面板中选择需要的灯光颜色，影响画面的整体色调，如图 2-36 所示。

➢ 简单灯光：勾选该选项，将在光源示意图中显示出 8 个光源点；单击其中任一光源点，可以将光照方向调整到对应的位置，如图 2-37 所示。

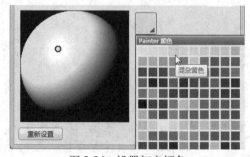 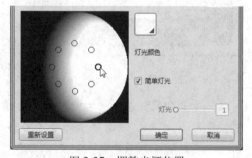

图 2-36　设置灯光颜色　　　　　　图 2-37　调整光源位置

➢ 灯光：可以修改"灯光"的数量，将从初始光源点沿顺时针方向增加光源点，如图 2-38 所示；在光源示意图中球体上的任意位置单击，即可在该位置添加一个光源，然后可以将光源点拖动到任意位置，并可以分别为每个光源设置不同的灯光颜色，如图 2-39 所示。

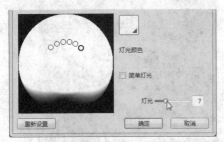 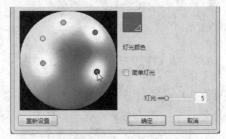

图 2-38　增加灯光数量　　　　　　　图 2-39　调整灯光位置并分别设置颜色

> 重新设置：单击该按钮，可以将所有选项设置恢复为默认状态。
- 隐藏/显示厚涂颜料：隐藏或显示在当前图像中应用的厚涂绘画效果。
- 清除厚涂颜料：清除当前图像中应用的厚涂绘画效果。
- 描图纸：在对图像执行快速克隆命令后，新打开的克隆图像窗口将显示半透明的描图纸；此命令可以切换是否显示描图纸图像。
- 设置纸纹颜色：执行该命令，可以将纸纹的颜色设置为前景色。
- 标尺：在该命令的子菜单中选择"显示标尺"命令，可以在图像窗口边缘显示出标尺；选择"对齐标尺刻度"命令，则可以在移动图层或选区时，自动吸附对齐标尺刻度；选择"标尺选项"命令，可以在弹出的对话框中设置标尺所应用的长度单位，如图 2-40 所示。
- 构图：在该命令菜单中，可以选择"显示/隐藏黄金分割"命令来切换在图像窗口中黄金分割辅助线的显示，为在 Painter 中绘画提供构图美感参考；选择"显示/隐藏配置网格"命令，可以切换设计网格的显示状态。

 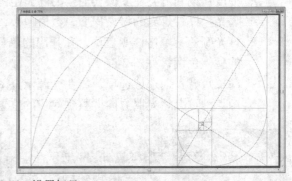

图 2-40　设置标尺

 黄金分割线是一种古老的数学方法。古希腊的毕达哥拉斯提出：将一条线段一分为二，较短部分与较长部分之比，如果正好等于较长部分与整个线段的比即 0.618，这样的比例最能让人感觉有美感。后来，这一神奇的比例关系被古希腊著名哲学家、美学家柏拉图誉为"黄金分割律"，被广泛地应用到古典绘画和数学研究中。

- 对称：选择该命令子菜单中的命令，可以开启镜像绘图模式或万花筒绘图模式。
  > 镜像模式：选择该命令后，开启镜像绘图模式；在图像窗口中间将显示镜像参考线，此时在图像窗口中进行绘画，将以镜像线为对称轴自动生成镜像图像，如图 2-41 所示。

> 隐藏/显示镜像：该命令用于切换镜像参考线的显示状态。

> 万花筒模式：选择该命令，开启万花筒绘图模式；在图像窗口中将显示多条交叉镜像参考线，此时在图像窗口中进行绘画，将以镜像线交点为对称中心自动生成对应数量的镜像图像，可以很方便地绘制出规则对称的图案，如图 2-42 所示。

> 隐藏/显示万花筒平面：该命令用于切换万花筒镜像参考线的显示状态。

图 2-41　镜像模式绘图

图 2-42　万花筒模式绘图

● 辅助线：在图像窗口边缘显示出标尺后，可以通过在标尺上单击鼠标左键，在该位置添加水平或垂直的辅助线，如图 2-43 所示。在此命令菜单中选择"隐藏/显示辅助线"命令，可以切换其显示状态；选择"对齐辅助线"命令，可以在移动图层或选区时，自动吸附对齐辅助线。

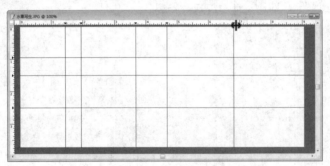

图 2-43　添加辅助线

● 网格：在该命令的子菜单中选择"显示网格"命令，可以在图像窗口中显示出网格线；选择"对齐网格"命令，可以在移动图层或选区时，自动吸附对齐网格线；选择"网格选项"命令，可以在弹出的对话框中设置显示网格的类型、间隔距离、网格线颜色等，如图 2-44 所示。

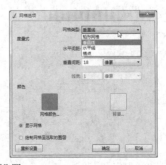

图 2-44　网格设置

- 透视辅助线：在图像窗口中显示出透视辅助线，可以在绘制有景深的画面时提供透视角度的参考（如绘制建筑效果图）。在该命令的子菜单中选择"启用透视辅助线"命令，即可在图像窗口中显示出透视辅助线，如图 2-45 所示；选择"启用透视辅助线笔触"命令，可以强制画笔工具绘制的线条与透视辅助线平行，得到透视角度准确的图像画面，如图 2-46 所示。

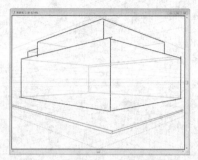

| 图 2-45　启用透视辅助线 | 图 2-46　启用透视辅助线笔触 |

- 颜色管理设置：执行该命令后，在打开的对话框中可以设置在 Painter 中绘画时所引用的颜色配置描述文件，在应用不同的显示设备或输出设备时，可以在此指定需要的颜色输入输出方式，如图 2-47 所示。
- 指定描述文件：执行该命令后，在打开的对话框中可以为当前的图像文件单独指定颜色配置描述文件，如图 2-48 所示。

| 图 2-47　"颜色管理设置"对话框 | 图 2-48　"指定描述文件"对话框 |

- 转换为描述文件：执行该命令后，在打开的对话框中可以将当前图像文件所使用的颜色描述文件，转换保存为新的颜色描述文件，如图 2-49 所示。
- 颜色校正设置：执行该命令后，在打开的对话框中可以设置图像颜色校正查看时所引用的模拟设备和表现方式，如图 2-50 所示。

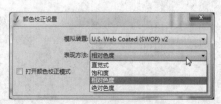

| 图 2-49　转换为描述文件 | 图 2-50　颜色校正设置 |

- 颜色校正模式：执行该命令后，当前图像文件将以"颜色校正设置"中所指定的颜色校正模式显示色彩，可以对图像的打样印刷成品色彩效果进行模拟，方便用户在输出图像前对图像色彩根据需要进行调整，如图 2-51 所示。

图 2-51　颜色校正模式显示效果

2.4　图层菜单

　　"图层"菜单中的命令主要用于在图像文件中新建需要的图层、调整图层层次、群组与合并图层、设置图层蒙版、为图层中的图像应用特效等操作，如图 2-52 所示。

图 2-52　"图层"菜单

- 新建图层：在"图层"面板中新建一个普通的图像图层。
- 新建水彩图层：在"图层"面板中新建一个水彩图层，只能使用水彩画笔在该类型图层中绘画。
- 新建油墨图层：在"图层"面板中新建一个油墨图层，只能使用油墨画笔在该类型图层中绘画。
- 转换为参考图层：可以将当前工作图层的类型转换为参考图层，并自动切换为"图层调整"工具 ，图层中的图像自动进入自由变换状态；再次在该图层上应用画笔工具，又可以将其恢复为图像图层，如图 2-53 所示。
- 复制图层：可以直接对当前工作图层进行复制，在图层窗口中可以看见相同名称、图像内容和图层类型的新图层，如图 2-54 所示。

图 2-53　转换为参考图层　　　　　　　　　图 2-54　复制图层

- 图层特性：执行该命令后，在弹出的对话框中可以为图层进行重命名、调整位置、添加说明注释等。
- 移至最下/上层：将当前工作图层移至最下或最上层。
- 向下/上移一层：将当前工作图层向下或向上移动一层。
- 对齐：在"图层"面板中选择两个以上的图层时，在此命令的子菜单中选择需要的命令，可以将选择图层以对应的图像边缘对齐，如图 2-55 所示。

图 2-55　执行图层左边缘对齐

- 选择所有图层：可以选择当前图像文件中除画布层以外的所有图层。
- 群组图层：可以将"图层"面板中选择的图层组合成一个群组，如图 2-56 所示。群组层可以被整体移动、变换或删除；展开群组层，可以继续对其中的图层进行编辑；将其他未群组的图层按住并拖入群组中，也可以将其加入该群组，如图 2-57 所示。

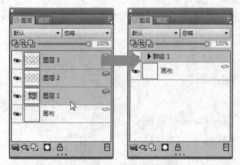

图 2-56　群组图层　　　　　　　　图 2-57　加入群组

- 解散图层群组：可以将"图层"面板中选择的群组层解散，恢复到未群组的状态。
- 折叠群组：可以将群组层转换为一个普通图像图层，群组中的图层自动合并，如图 2-58 所示。
- 合并：可以将当前选择的图层合并到画布层，如图 2-59 所示。

图 2-58　折叠群组　　　　　　　　图 2-59　合并图层到画布层

- 全部合并：可以将图像文件中的所有图层合并到画布层中。
- 合并选择图层：可以将"图层"面板中选择的图层合并到画布层中。
- 删除图层：删除当前选择的图层。
- 新建图层蒙版：图层蒙版主要用于编辑自定义形状的选区或清除不要的图像区域，选区范围可以通过画笔绘画来涂绘。可以为当前工作图层新建图层蒙版，如图 2-60 所示。
- 从透明区域新建图层蒙版：可以为当前图层新建图层蒙版，并在蒙版中对图层的透明区域填充，方便在需要时快速以图层的透明区域建立选区，如图 2-61 所示。

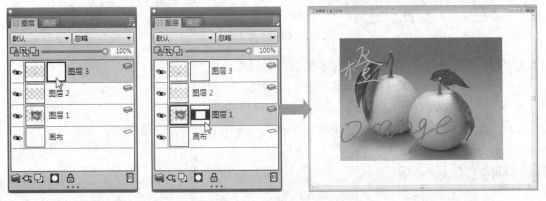

图 2-60　新建图层蒙版　　　　　图 2-61　从透明区域新建图层蒙版

- 停用/启用图层蒙版：可以对当前图层上的图层蒙版进行停用或重新启用。
- 删除图层蒙版：可以删除当前图层上的图层蒙版。
- 应用图层蒙版：可以应用当前图层上的图层蒙版，图像中在图层蒙版上被填充、涂抹的区域将变为透明。
- 移动画布到水彩图层：可以将画布层中的图像转换到新建的水彩图层中，同时画布层自动以白色填充，如图 2-62 所示。

图 2-62　移动画布到水彩图层

- 湿化水彩图层：可以将选择的水彩图层湿润化，图层中的图像将进一步呈现水彩化效果，如图 2-63 所示。
- 干燥水彩图层：可以将选择的水彩图层干燥化；干燥后继续使用水彩画笔绘画，晕染效果会减轻。

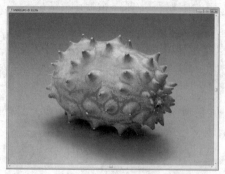

图 2-63　湿化水彩图层

- 干燥数码水彩：可以将湿润的数码水彩图层变干。
- 晕染数码水彩：可以将数码水彩图层湿润化。
- 动态外挂插件：在该命令的子菜单中选择对应的外挂特效命令，可以为图像应用对应的滤镜处理特效。各外挂插件的具体效果，将在后面章节详细介绍。

2.5　画笔工具菜单

"画笔工具"菜单中的命令主要用于对画笔工具的使用属性进行设置，包括捕捉笔尖自定义画笔笔尖形状、存储捕捉的画笔形状、管理画笔变量、录制笔触绘画过程等操作，如图 2-64 所示。

- 捕捉笔尖：可以将当前所选画笔的笔触形状改变为捕捉的笔尖形状。
- 复制变量：执行该命令后，可以在弹出的对话框中为当前画笔变量指定复制到的画笔类型，在单击"确定"按钮后，即可在指定的画笔类型中生成与当前画笔变量相同的变量，如图 2-65 所示。
- 保存变量：执行该命令后，可以在弹出的对话框中为当前调整了笔触设置的画笔变量进行保存或另存；可以指定要

图 2-64　"画笔工具"菜单

另存的目标画笔类型，也可以通过单击"增加新画笔类型"按钮➕，创建新的画笔类型并执行保存；勾选"保存当前颜色"复选框并执行保存后，可以在以后选择该画笔变量时即应用保存时的颜色设置，非常适合用户创建自定义的常用笔触样式库，如图 2-66 所示。

图 2-65　复制变量

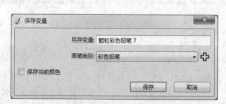

图 2-66　保存变量

- 设为默认变量：可以将当前画笔变量的设置保存为默认变量，这样即使在执行"恢复默认变量"命令时，也将恢复至当前保存时的笔触，如图 2-67 所示。
- 删除变量：删除当前画笔变量，如图 2-68 所示。此命令只对执行过"设为默认变量"的画笔变量有效。

图 2-67　设为默认变量　　　　　　　　　　　图 2-68　删除变量

- 新建画笔类别：执行该命令后，在弹出的对话框中为要新建的画笔类别命名，单击"确定"按钮，即可在画笔面板中查看新建的画笔类别，同时执行新建时所选择的画笔变量也将自动加入新建的类别中，如图 2-69 所示。

图 2-69　新建画笔类别

- 删除画笔类别：在创建过自定义画笔类别后，执行该命令，在弹出的对话框中选择要删除的自定义画笔类别并单击"确定"按钮，即可将该类别及其中的所有画笔变量删除，如图 2-70 所示。

图 2-70　删除画笔类别

- 导入：在该命令的子菜单中，可以选择外部的画笔变量、画笔类别、画笔材质库进行导入，以丰富 Painter 的画笔库。
- 输出：在该命令的子菜单中，可以选择将指定的画笔变量、画笔类别、画笔材质库导出生成对应的链接库文件，方便用户将自定义的笔刷样式单独保存，在以后重新导入使用或与其他人分享。
- 恢复默认变量：可以将当前画笔变量的笔触形状、大小、抖动等所有属性恢复至初始状态。

- 恢复全部默认变量：可以将所有画笔变量的属性恢复至初始状态。
- 笔触：Painter 提供了大量的图案笔触，方便用户轻松绘制出统一形状的笔触图案。在应用软件提供的笔触样式进行绘画时，可以先在此命令菜单中选择需要的笔触样式，如图 2-71 所示。
- 播放笔触：在"笔触"命令菜单中选择需要的笔触样式后，选择此命令，然后在图像窗口中单击鼠标左键或数码笔，即可以当前的画笔变量直接生成对应笔触样式的图案。可以根据需要对画笔的大小、纹理、颜色等进行设置，其图案仍然保持所选样式的形状；在再次执行此命令前，都可以使用所选择的笔触绘制重复的图案，也可以更换笔触样式绘制新的重复图案，如图 2-72 所示。

图 2-71 "笔触"命令子菜单

图 2-72 应用笔触绘制重复图案

- 自动播放：选择需要的笔触样式后执行此命令，图像窗口中将自动以当前画笔变量不断地在随机位置绘制所选择的笔触样式图案，直至用户单击鼠标或数码笔或按键盘上的 Esc 键才终止。
- 录制笔触：执行该命令后，在图像窗口中一笔绘画出需要的笔触图案，该图案即被程序记录为笔触形状。
- 保存笔触：执行"录制笔触"命令并绘制需要的笔触形状后，执行此命令，在弹出的对话框中为新建的笔触样式命名并单击"确定"按钮，即可将其保存到"笔触"命令菜单中，方便以后选择使用，如图 2-73 所示。

图 2-73 保存笔触

- 使用笔触资料：选择此命令后，可以在不选择"播放笔触"命令的状态下，应用当前在"笔触"命令菜单中所选择笔触的画笔属性，绘制同样属性设置（笔触长度、间距、抖动等属性）的自由形状。

上机练习 02 捕捉笔尖形状并应用绘图

1 执行"文件→新建文件"命令或按"Ctrl+N"快捷键，新建一个 800×600 的图像文件，如图 2-74 所示。

图 2-74 新建图像文件

2 单击"画笔选择器"栏前面的画笔样式图标，在弹出的选择器面板中选择"彩色铅笔→颗粒彩色铅笔 7"，然后在图像窗口中绘制一个形状图案，如图 2-75 所示。

图 2-75 选择画笔并绘制图案

3 在工具箱中选择"矩形选区"工具 ，在图像窗口中沿绘制的花朵图案创建矩形选区，如图 2-76 所示。

4 执行"画笔工具→捕捉笔尖"命令，将选区中的图案定义为当前画笔变量的笔触形状；执行"选择→取消选区"命令，取消图像窗口中当前的选区。

5 为方便观察捕捉的笔尖绘画效果，在属性栏中设置一个较大尺寸的笔触大小，然后在图像窗口中进行绘画，即可查看到定义了新笔尖形状的笔触绘画效果，如图 2-77 所示。

 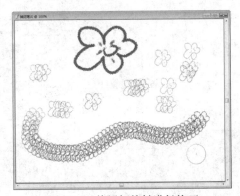

图 2-76 绘制图案并创建选区　　　　图 2-77 使用新笔触进行绘画

捕捉笔尖只能在画布层上进行，如果执行"捕捉笔尖"命令时未选择画布层，则程序会弹出提示框进行提示。定义了新的图案形状的画笔变量，在未执行恢复画笔变量默认值之前，都将有效。

上机练习 03　录制笔触并保存应用

1　执行"文件→新建文件"命令或按"Ctrl+N"快捷键，新建一个空白的图像文件。

2　单击"画笔选择器"栏前面的画笔样式图标，在弹出的选择器面板中选择"彩色铅笔→油性彩色铅笔 7"，如图 2-78 所示。

3　执行"画笔工具→录制笔触"命令，然后在图像窗口中绘制一个形状图案，注意需要一笔完成，如图 2-79 所示。

图 2-78　选择画笔变量

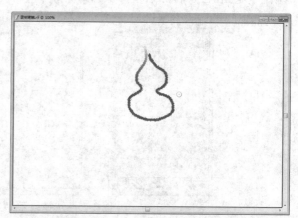

图 2-79　一笔绘制出需要的图案

4　执行"画笔工具→保存笔触"命令，在弹出的对话框中为新建的笔触命名，如图 2-80 所示。

5　执行"画笔工具→笔触"命令，在弹出的子菜单中选择刚刚保存的"葫芦"笔触，然后执行"画笔工具→播放笔触"命令，再使用数码笔或鼠标在图像窗口中单击，即可以单击位置为中心点，生成所选的笔触图案，如图 2-81 所示。

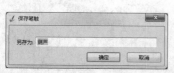

图 2-80　保存笔触

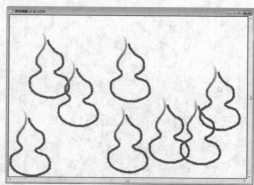

图 2-81　使用新建的笔触绘画

在绘图工作中应用录制笔触功能时，需要注意与"捕捉笔尖"功能相区别："录制笔触"只能记录执行命令后的第一笔绘画，并且在"播放笔触"进行绘画时，不能拖绘出连续的图案路径，只能每次单击生成一个所选择的笔触图案，在绘图时要根据实际需要选择使用。在"画笔工具"菜单中再次选择"播放笔触"命令，取消对其的选择状态，即可恢复正常的画笔绘画方式。

2.6 选取菜单

"选取"菜单中的命令主要用于通过不同的方式创建选区、对选区进行编辑修改、转换选区、保存和载入选区等操作，如图 2-82 所示。

图 2-82 "画笔工具"菜单

- 全部：执行该命令或按"Ctrl+A"键，即可沿图像窗口的边缘创建选区，包含整个图像画面。
- 取消选区：执行该命令或按"Ctrl+D"键，即可取消当前选区。
- 反转选区：执行该命令或按"Ctrl+I"键，可以对图像窗口中的选区范围进行反转。
- 重新选择：在执行"取消选区"或按"Ctrl+D"键取消选区后，执行此命令或按"Ctrl+Shift+D"键，可以重新选择上一次创建的选区范围。
- 浮动：在创建了选区后执行此命令，可以将选区内的图像暂时转移至浮动物件图层中，并自动切换至"图层调整"工具 ，即可对选区内的图像进行移动调整；调整好位置后，在"图层"面板中单击创建选区的原本图层，即可将浮动物件图层恢复合并至原本图层中，得到调整选区图像后的新图像，如图 2-83 所示。如果是在画布图层中创建选区并执行"浮动"命令，则选区内的图像将自动被剪切至新建的图层中；另外，在水彩图层和油墨图层中不能应用此命令。

图 2-83 对选区进行浮动编辑

- 描边选区：在创建选区后执行此命令，可以应用当前所选择的画笔变量和主颜色，对图层中的选区进行描边，如图 2-84 所示。
- 选取图层内容：可以将当前图层中的图像范围创建为选区；不透明度过低的部分将不能被选择，如图 2-85 所示。

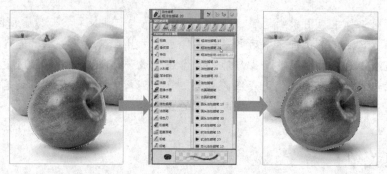

图 2-84　描边选区

图 2-85　选取图层内容

- 选取群组内容：该命令在"图层"面板中有群组层时有效，可以将群组内所有图层中的图像范围创建为选区，如图 2-86 所示。

图 2-86　选取群组内容

- 自动选择：执行该命令后，在弹出的对话框中选择要采用的选择方式，然后单击"确定"按钮，即可将图层中符合选择方式的范围创建为选区，如图 2-87 所示。勾选"反转"复选框，可以对获取的选区范围进行反转。

图 2-87　自动选择

- 颜色选择：执行该命令后，将打开"选择颜色"对话框。可以将鼠标移动到图像窗口中需要拾取的颜色上单击，将图像窗口中与拾取点相同颜色的像素都加入选区，加入选区的部分将在预览窗口中以红色显示；然后通过下方的选项，对选区范围进行优化调整，得到需要的选区范围后，单击"确定"按钮，即可完成选区的创建，如图 2-88所示。

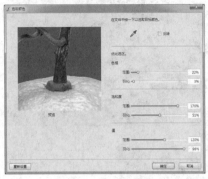

图 2-88　通过"颜色选择"命令创建选区

- 羽化：执行该命令后将弹出"羽化选区"对话框，在其中输入需要的羽化数值并单击"确定"按钮，即可对当前选区的边缘进行对应像素范围的羽化处理，如图 2-89 所示。

图 2-89　羽化选区

- 修改：在该命令的子菜单中可以选择 4 个修改命令，对当前选区进行对应的修改调整，包括向外扩展选区、向内收缩选区、平滑选区边缘和生成边界距离内的选区等。
  - ➤ 扩展：执行该命令后，在弹出的对话框中输入要扩展选区的像素距离，然后单击"确定"按钮，即可对选区范围进行对应距离的扩展，如图 2-90 所示。

图 2-90　扩展选区

> ➤ 收缩：执行该命令后，在弹出的对话框中输入要收缩选区的像素距离，然后单击"确定"按钮，即可对选区范围进行对应距离的收缩，如图 2-91 所示。

图 2-91　收缩选区

> ➤ 平滑：执行该命令后，可以使选区边缘更加平滑，适用于对使用"套索"工具绘制的选区或使用自动命令创建的选区边缘的平滑处理。
>
> ➤ 边界：选择该命令后，在弹出的对话框中输入新建边界的像素距离，可以生成以原选区为内边缘，向外扩展对应距离作为外边缘的带状选区，如图 2-92 所示。

图 2-92　新建选区边界

● 转换为矢量图形：执行该命令后，将以图像窗口中的选区范围创建矢量图形并生成新的矢量图层，如图 2-93 所示。

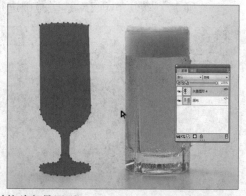

图 2-93　将选区转换为矢量图形

在将选区转换为矢量图形时，将自动以矢量工具当前的填充色进行填充，而不是用工具箱中的主颜色进行填充。要得到需要的填充色，可以先选择一种矢量绘图工具或矢量编辑工具，然后在属性栏中设置好填充色，再对选区进行转换，即可使生成的矢量图形以设置的颜色进行填充。

- 变换选区：在普通图层中创建选区后（在画布层、水彩层、油墨层中无效），执行此命令，在选区边缘将显示出变换控制框，即可应用对应的方法，对选区进行旋转、缩放、倾斜等变换操作，如图 2-94 所示。

图 2-94　变换选区

- 隐藏选取框：执行该命令后，可以将选区的选取框隐藏，但选区仍然存在；此时对选区内图像进行清除、填充选区、反转或羽化等操作依然有效。
- 载入选区：执行该命令后，可以在弹出的对话框中选择加载选区的方法，以及载入的选区与图像窗口中现有选区中间的运算关系，如图 2-95 所示。默认情况下，将以当前图层的透明度范围载入选区；如果已经在当前图像文件中保存过选区，则在"加载自"下拉列表中将显示之前保存的选区。

图 2-95　载入选区

- 保存选区：在图像窗口中创建了选区后，执行此命令，可以在弹出的对话框中为该选区命名并保存到当前图像文件中，方便在需要时通过"载入选区"命令进行加载，快速得到需要的选区范围，如图 2-96 所示。

图 2-96　保存选区与载入选区

2.7 矢量图形菜单

"矢量图形"菜单中的命令主要用于对绘制的矢量图形进行节点、路径的编辑，以及设置矢量图形属性、转换图层类型等操作，如图 2-97 所示。

- 合并最后的节点：选择一条未封闭路径的开始节点和末尾节点后，执行该命令，可以将它们连接起来，形成封闭路径，如图 2-98 所示。

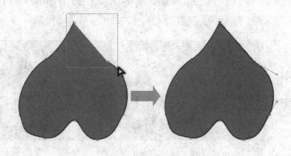

图 2-97 "矢量图形"菜单　　　　　　　图 2-98 合并最后的节点

- 平均节点：选择要进行平均位置的节点后，执行该命令，在弹出的对话框中选择要进行的位置平均方式并单击"确定"按钮，即可对选择节点的位置进行对应方式的对齐均化，路径形状也将发生对应的变化。"水平"表示将所有选择节点调整到同一水平线上；"垂直"表示将所有选择节点调整到同一垂直线上；"两者"则会将所有选择的节点集中于它们的中心点位置，如图 2-99 所示。

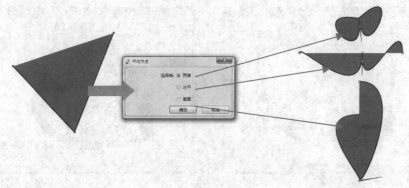

图 2-99 平均节点

- 制作复合路径：复合路径类似于图层的群组编辑。选择两个路径后执行该命令，可以将它们转换成一个复合路径，在"图层"面板中的两个矢量图层也将变成一个矢量图层。在将两个路径进行复合处理时，生成复合矢量图形将应用较大矢量图形的填充色，如图 2-100 所示。如果两个矢量图形有相重叠的部分，则转换生成的复合路径中该部分将被清除。
- 释放复合路径：选择复合路径对象后，执行该命令，可以释放该复合路径中的矢量图形至初始状态。
- 设置变换复制：执行该命令后，可以在弹出的对话框中为执行"复制"命令复制对象时生成的新对象，设置偏移、缩放、旋转等变换的具体数值，如图 2-101 所示。

图 2-100　制作复合路径　　　　　　图 2-101　"设置变换复制"对话框

- 复制：选择需要进行复制的矢量图形后，执行该命令，即可以在"设置变换复制"对话框中确定的变换设置，以所选对象当前的位置、大小、角度为参考，在对应的偏移位置生成一个新的复制对象；可以通过重复执行此命令或按 "Ctrl+]"键，快速生成多个复制对象，如图 2-102 所示。

图 2-102　连续多次的变换复制

- 转换为图层：执行该命令后，可以将矢量图形图层转换为普通图层；转换后的矢量图形即变成位图图像，不能再使用矢量编辑工具进行修改调整，如图 2-103 所示。

图 2-103　转换矢量图形为普通图层

- 转换为选区：执行该命令后，将以选择的矢量图形的范围创建选区，同时该矢量图层将被自动删除，如图 2-104 所示。

图 2-104　转换为选区命令

- 隐藏矢量图形选取框：执行该命令后，使用"图层调整"工具 选择矢量图形时，在矢量图形边缘将不显示图形选取框；此命令也将变为"显示矢量图形选取框"，执行该命令可以恢复选取框的显示。
- 设置矢量图形属性：执行该命令后，可以在弹出的对话框中为当前选择的矢量图形设置显示属性，包括笔触颜色、笔触宽度、笔触不透明度、笔触线形、填充色、填充类型、填充不透明度等，如图 2-105 所示。

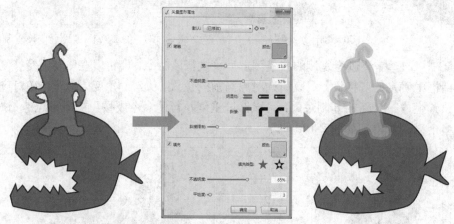

图 2-105 设置矢量图形属性

- 调和：是指一个矢量图形逐渐改变形状变成另外一个矢量图形的过程。选择两个矢量图形后，执行此命令，在弹出的对话框中设置好需要的参数并单击"确定"按钮，即可应用调和生成渐变图形序列，如图 2-106 所示。

图 2-106 矢量图形的调和

2.8 效果菜单

"效果"菜单中的命令主要用于控制图像色彩调整或添加处理特效。"效果"菜单的顶部显示了最近使用过的两个命令，并分别为它们预设了快捷键，方便用户在需要时快速执行刚刚应用过的效果命令，如图 2-107 所示。

图 2-107 "效果"菜单

- 色调控制：主要用于对图像的色彩进行调整改变，以及编辑特殊色彩效果等，如图 2-108 所示。
- 表面控制：主要用于对应用到图像上的表面材质效果进行设置，包括模拟灯光效果、应用网点贴图、叠加色彩、应用变换效果等，如图 2-109 所示。

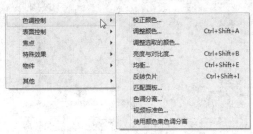

图 2-108 "色调控制"命令

图 2-109 "表面控制"命令

- 焦点：主要用于对图像应用模拟镜头拍摄时产生的模糊、景深、折射扭曲、锐化等效果，如图 2-110 所示。
- 特殊效果：主要用于对图像应用花纹、网格、瓷砖、马赛克等特殊变形效果，如图 2-111 所示。

图 2-110 "焦点"命令

图 2-111 "特殊效果"命令

- 物件：该命令只包含了一个"新建投影"命令，用于为图像创建投影效果。
- 其他：在为 Painter 安装了外挂特效插件后，将会显示在此菜单中。

2.9 动画菜单

"动画"菜单中的命令主要用于创建动画影片文件、对动画的帧进行添加或删除等管理，如图 2-112 所示。

图 2-112 "动画"菜单

- 新建动画：执行该命令后，在弹出的"新动画"对话框中可以为新建的动画命名，然后在"画布设置"选项中设置需要的画布尺寸、分辨率、颜色、纸张等图像属性，在"动画设置"选项中设置需要的帧数、要显示的洋葱皮图层数、图像色彩深度等选项，然后单击"确定"按钮，在弹出的对话框中为动画文件命名并指定保存位置，单击"保存"按钮，即可回到 Painter 程序窗口，查看到新建的动画影片文件，如图 2-113 所示。

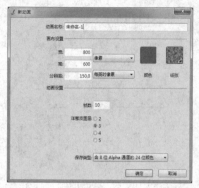

图 2-113　新建并保存动画文件

 洋葱皮效果是在动画编辑中的辅助功能，通过由浅入深的半透明图像，在当前帧
的图像中显示出前面几帧的画面，方便用户在编辑动画时了解前面几帧的动画图
像变化轨迹。在 Painter 中编辑动画时，可以设置以洋葱皮效果显示出前面2~5 帧
的画面。

● 添加帧：执行该命令后，在弹出的对话框中输入要添加的空白帧数量并指定插入空白
帧的位置，单击"确定"按钮即可完成添加，如图 2-114 所示。
● 删除帧：执行该命令后，在弹出的对话框中设置好要删除帧的开始序号和结束序号，
单击"确定"按钮，即可删除指定的帧画面（输入相同的序号，则只删除该序号的帧），
如图 2-115 所示。

图 2-114　添加帧　　　　　　　　　　　　　　　图 2-115　删除帧

● 清除帧：执行该命令后，在弹出的对话框中设置好要清除图像内容的帧并单击"确定"
按钮进行应用，即可清除该帧画面的图像内容，只显示画布层的初始画面。
● 前往帧：执行该命令后，在弹出的对话框中输入要在当前画面显示的帧序号并单击
"确定"按钮进行应用，即可将画面跳转至该帧。
● 显示洋葱皮图层：该命令用于切换是否在图像窗口中显示洋葱皮图层。
● 插入影片：执行该命令后，在弹出的对话框中设置好在动画中插入影片的位置，单击
"确定"按钮，在打开的对话框中选择要插入的影片（*.FRM）文件，单击"打开"
按钮即可导入。
● 应用画笔笔触到动画：可以将"画笔→笔触"命令菜单中当前选择的笔触样式，以连
续的动画轨迹加入到当前动画文件的连续动画帧中。
● 设置材质位置：执行该命令后，在弹出的对话框中可以设置画布纸纹的位置。

上机练习04 创建并编辑动画影片

1 执行"动画→新建动画"命令,在"新动画"对话框打开后,为动画命名为"发芽",设置画布大小为 800×600 像素并设置画布颜色为白色,在"动画设置"选项中设置帧数为 10,单击"确定"按钮,然后在弹出的对话框中为动画文件指定保存位置并执行,如图 2-116 所示。

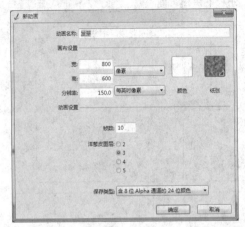 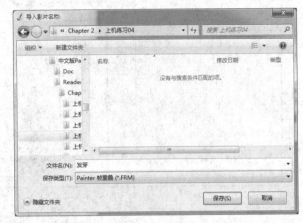

图 2-116 新建动画文件

2 图像窗口打开后,在"画笔选择器"中选择"彩色铅笔→颗粒彩色铅笔 7",设置主颜色为灰色,然后在图像窗口的下方绘制一条直线表示地面;在自动打开的动画控制面板中单击■按钮,将图像窗口切换至下一帧,然后参考洋葱皮效果显示的上一帧中的图像,在相同位置绘画同样的直线作为地面;以此类推,直至在 10 帧画面中都画好相同的线条,如图 2-117 所示。

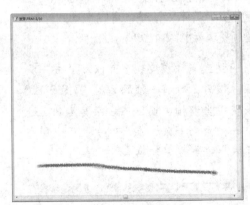 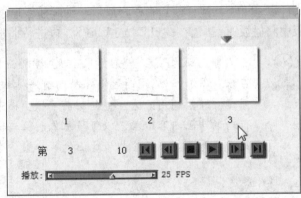

图 2-117 绘制地面

3 在动画控制面板中单击■,将画面切换到第 1 帧;将主颜色修改为绿色,在图像窗口中表示地面的直线中间绘制一个点,表现出种子破土而出的画面;在动画控制面板中单击■按钮,切换至第 2 帧,参考洋葱皮图层显示的上一帧图像,绘制种子发芽生长的略有变化的图像;以此类推,直至画到第 10 帧种子发芽直立的成长轨迹,如图 2-118 所示。

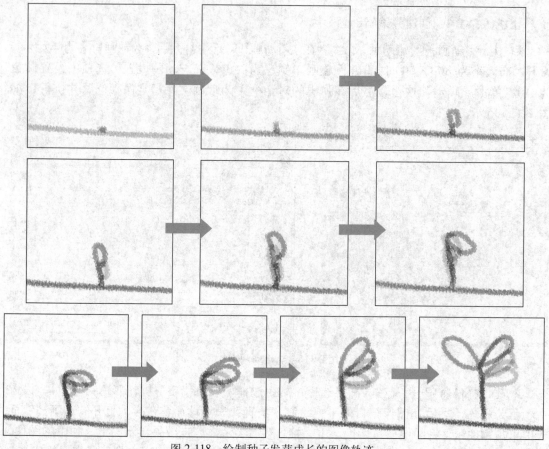

图 2-118　绘制种子发芽成长的图像轨迹

4 在动画控制面板中单击 ■ 按钮，对编辑好的动画进行播放预览；默认情况下，动画文件以 25FPS（帧每秒）的速率播放，动画播放速度太快会看不太清楚；可以在动画控制面板中将播放速率调整为 10FPS 或 12FPS，再进行播放预览，如图 2-119 所示。

 在当前画面为最后一帧时，在动画控制面板中继续单击 ■ 按钮，可以每单击一次在末尾添加一帧，同时画面保持与前一帧相同，相当于对前一帧的复制，如图 2-120 所示。可以利用此方法，复制前一帧画面来获得当前帧画面，然后在其基础上进行新的动画内容绘画，以保持基本图像与前一帧画面一致。在本例中也可以利用此功能先复制若干绘制了地面的第一帧，再依次绘制发芽动画。

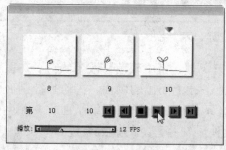

图 2-119　播放预览

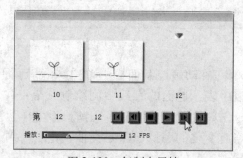

图 2-120　复制末尾帧

2.10　窗口菜单

"窗口"菜单中的命令主要用于调整图像窗口的缩放比例、切换和设置工作区布局、切换图像文件和各种功能面板的显示状态等操作，如图 2-121 所示。

图 2-121　"窗口"菜单

2.11　帮助菜单

"帮助"菜单中的命令主要用于打开浏览器连接官方网站以查看帮助主题与技术支持、检查程序更新、开启欢迎窗口等操作，如图 2-122 所示。

图 2-122　"帮助"菜单

2.12　课后习题

一、选择题

1. 执行"编辑"菜单中的（　　）命令，可以对上一步绘画或特效的应用效果进行淡化消褪的恢复。

A. 撤销　　　　　　B. 重做　　　　　　C. 淡化　　　　　　D. 清除

2. 在图像窗口中显示出（　　），可以为进行有景深的画面绘制时提供透视角度的参考。

A. 标尺　　　　　　B. 网格　　　　　　C. 辅助线　　　　　　D. 透视辅助线

3. 按下（　　）快捷键，可以将已经撤销选择的选区重新选择。

A. Ctrl+A　　　　　B. Ctrl+D　　　　　C. Ctrl+Shift+D　　　　D. Ctrl+I

二、操作题

利用对称辅助绘图功能，绘制一个梅花图案，然后将其捕捉为笔尖进行绘画，如图 2-123 所示。

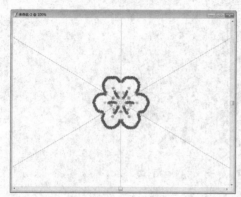

图 2-123　绘制对称图案并捕捉笔尖绘画

第 3 章　Painter 的画笔工具

> ➤ 了解并熟悉 Painter 2015 所有画笔类型的笔触绘画应用效果。图形的置入与导出
> ➤ 掌握各种画笔变量的绘画操作方法

丰富、全面的艺术画笔仿真绘画功能，是 Painter 在数码绘画领域中独一无二的强大优势。在 Painter 2015 中提供了 37 个种类、总数近 900 种样式的笔刷和图像处理工具，可以为画家的艺术创造提供全面的绘画支持。

3.1　丙烯画笔

丙烯画笔是模拟使用丙烯颜料绘画的鬃毛笔。丙烯颜料是 20 世纪 60 年代出现的一种化学合成胶乳剂与颜色微粒混合而成的新型绘画颜料，具有色彩鲜艳、色泽鲜明、化学变化稳定的特点。使用丙烯颜料绘画，颜料在落笔后几分钟即可干燥，不像油画颜料需要几个月时间后才能进行上光；干燥后会形成多孔质的膜，变为耐水性，不易开裂和褪色；颜料中含颗粒，具有水性颜料的特效，可以通过调剂稀释程度来当水彩、水粉颜料使用，也适用于涂抹绘画表现肌理，如图 3-1 所示。Painter 中的丙烯画笔变量的笔触效果如图 3-2 所示。

图 3-1　丙烯颜料与丙烯绘画作品

分叉鬃毛笔　　　　干画笔　　　　上光丙烯　　　　不透明丙烯　　　　不透明细节画笔

仿真干画笔　　　仿真长鬃毛笔　　　厚涂丙烯鬃毛笔　　　厚涂丙烯平笔　　　厚涂丙烯圆笔

图 3-2　丙烯画笔的笔触效果

| 厚涂不透明丙烯 | 湿丙烯 | 湿细节画笔 | 柔性湿丙烯 |

图 3-2　丙烯画笔的笔触效果（续）

3.2　喷笔

喷笔是将涂料以雾状喷出以均匀上色的涂装工具。一般说来，凡是颜料经溶剂稀释调和后，均可作为喷画用的颜料。使用 Painter 中的喷笔绘画，明暗层次细腻自然，色彩柔和，适用于表现细致的线条和柔软渐变的效果，如图 3-3 所示。Painter 中喷笔的笔触效果如图 3-4 所示。

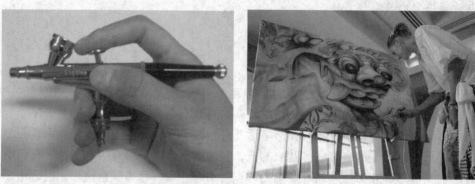

图 3-3　喷笔与喷笔绘画

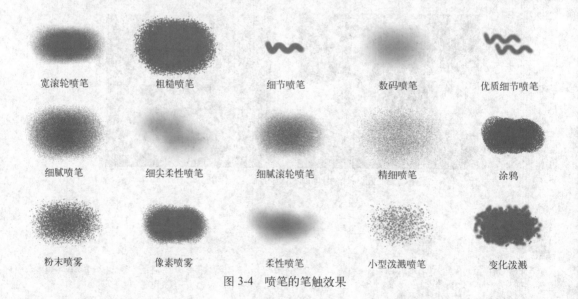

宽滚轮喷笔	粗糙喷笔	细节喷笔	数码喷笔	优质细节喷笔
细腻喷笔	细尖柔性喷笔	细腻滚轮喷笔	精细喷笔	涂鸦
粉末喷雾	像素喷雾	柔性喷笔	小型泼溅喷笔	变化泼溅

图 3-4　喷笔的笔触效果

3.3　艺术画笔

艺术画笔包含了几种常见现实画笔的仿真艺术笔触，可以绘制出马克笔、海绵、颗粒油画笔、驼毛笔等笔触效果。Painter 中艺术画笔的笔触效果如图 3-5 所示。

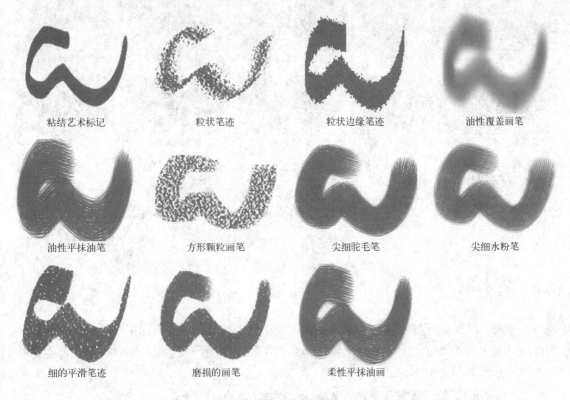

粘结艺术标记	粒状笔迹	粒状边缘笔迹	油性覆盖画笔
油性平抹油笔	方形颗粒画笔	尖细驼毛笔	尖细水粉笔
细的平滑笔迹	磨损的画笔	柔性平抹油画	

图 3-5　艺术画笔的笔触效果

3.4　艺术家油画笔

艺术家油画笔提供了 30 个模拟油画艺术家常用绘画方式的画笔笔触，种类齐全多样，包括鬃毛笔、调和笔、调色刀、厚涂画笔等，熟练的画家可以只采用此类画笔就可以绘画出各种风格的油画作品。Painter 中的艺术家油画笔的笔触效果如图 3-6 所示。

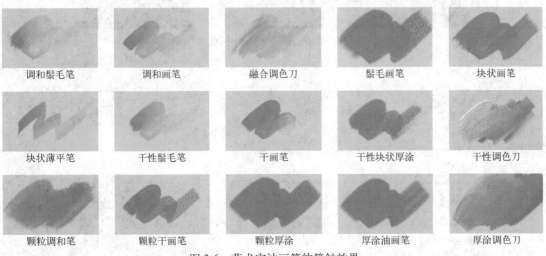

调和鬃毛笔	调和画笔	融合调色刀	鬃毛画笔	块状画笔
块状薄平笔	干性鬃毛笔	干画笔	干性块状厚涂	干性调色刀
颗粒调和笔	颗粒干画笔	颗粒厚涂	厚涂油画笔	厚涂调色刀

图 3-6　艺术家油画笔的笔触效果

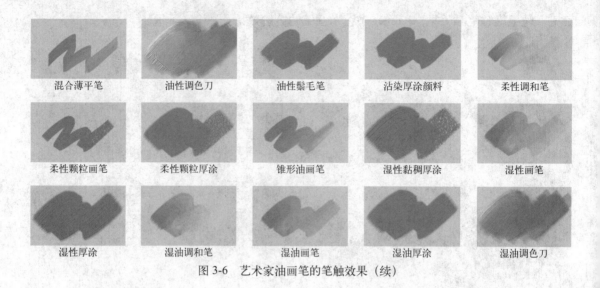

混合薄平笔　　油性调色刀　　油性鬃毛笔　　沾染厚涂颜料　　柔性调和笔

柔性颗粒画笔　　柔性颗粒厚涂　　锥形油画笔　　湿性黏稠厚涂　　湿性画笔

湿性厚涂　　湿油调和笔　　湿油画笔　　湿油厚涂　　湿油调色刀

图 3-6　艺术家油画笔的笔触效果（续）

3.5　艺术家

艺术家画笔提供了模拟多位艺术大师和油画风格的画笔笔触，方便用户更逼真地临摹大师作品，或者创作类似艺术大师绘画风格的绘画作品，如图 3-7 所示。Painter 中的艺术家画笔的笔触效果如图 3-8 所示。

图 3-7　印象派、萨金特和修拉油画作品

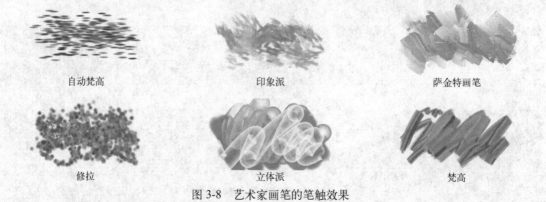

自动梵高　　印象派　　萨金特画笔

修拉　　立体派　　梵高

图 3-8　艺术家画笔的笔触效果

3.6 调和笔

调和笔本身不能应用颜料进行绘画，其用途是通过应用不同的笔触样式，对图层中图像的像素进行移动和调和，使像素产生运动变化，也就是应用图像上的像素作为"颜料"，再现使用各类画笔笔触进行绘画的艺术效果，其应用效果如图 3-9 所示。Painter 中的调和笔的笔触效果如图 3-10 所示。

 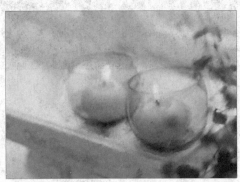

图 3-9　调和笔在图像上进行涂画应用的效果

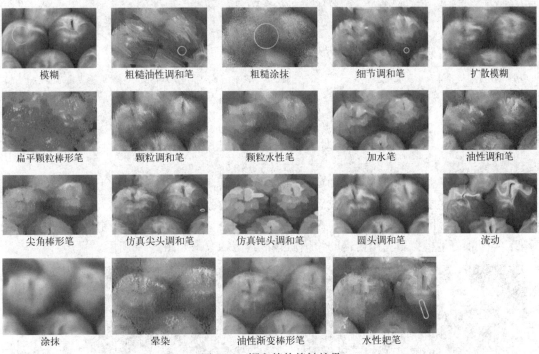

图 3-10　调和笔的笔触效果

3.7 书法

现实中的书法笔是指金属笔尖宽而弯曲的钢笔，通常用于英文与数字的艺术化书写，可以很好地展现线条曲折变化的动态美感，如图 3-11 所示。Painter 中提供的书法画笔也很适合用于表现手写文字和徒手绘画效果，其笔触效果如图 3-12 所示。

图 3-11 书法钢笔与手写效果

颗粒宽钢笔　　　　平滑宽钢笔　　　　书法笔　　　　干墨笔　　　　颗粒钢笔

仿真变化钢笔　　　柔性边缘　　　颗粒扁嘴钢笔　　　平滑扁嘴钢笔　　　宽笔触

图 3-12 书法画笔的笔触效果

3.8 彩色粉笔

现实中的粉笔是一种日常生活中所使用的生活工具，一般用于在黑板上书写，绘制简单的图画。粉笔的主要成分是硫酸钙或碳酸钙，不容易被分解，颗粒比粉尘大，书写的笔迹会有明显的颗粒，可用于展现特殊的质感绘画效果，如图 3-13 所示。Painter 中提供的彩色粉笔画笔，可以很好地模拟表现出粉笔的绘画质感，其笔触效果如图 3-14 所示。

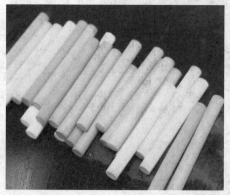

图 3-13 粉笔与街头粉笔画

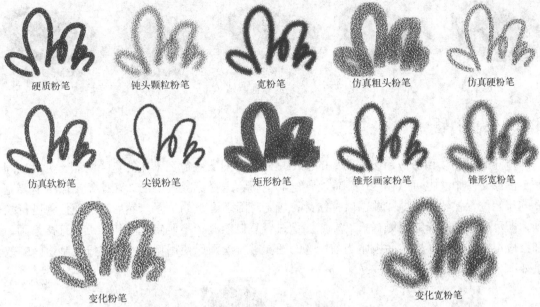

硬质粉笔	钝头颗粒粉笔	宽粉笔	仿真粗头粉笔	仿真硬粉笔
仿真软粉笔	尖锐粉笔	矩形粉笔	锥形画家粉笔	锥形宽粉笔

变化粉笔   变化宽粉笔

图 3-14 彩色粉笔的笔触效果

3.9 炭笔

现实中炭笔的主要成分是木炭粉，木炭由木材经过不完全燃烧产生形成。炭笔是速写和素描的主要绘画工具，在纸张上附着力强，比铅笔画更能表现强烈的明暗对比，如图 3-15 所示。炭笔根据生产制作时颗粒的密度有硬炭笔、中炭笔、软炭笔之分。在 Painter 中的炭笔画笔，一方面不同的变量具有不同的绘画笔触，另一方面也可以根据绘画的压力来表现不同的透明度和笔触效果，其笔触效果如图 3-16 所示。

图 3-15 炭笔和炭笔素描作品

炭铅笔   炭笔   钝头炭铅笔   砂砾炭笔   硬直炭铅笔

图 3-16 炭笔的笔触效果

| 硬质炭精条 | 尖锐炭铅笔 | 软性炭铅笔 | 软性炭笔 | 软性藤蔓炭笔 |

图 3-16　炭笔的笔触效果（续）

3.10　克隆笔

克隆画笔主要用于应用不同类型的画笔笔触，对图像进行艺术化的克隆复制，可以在同一个图像文件中，也可以在两个图像文件之间进行：选择克隆画笔后，在原始图像上需要克隆的起始位置按住 Alt 键并单击鼠标左键，确定克隆基准点的位置，然后在其他位置进行绘画，即可应用所选择的笔触样式对原始图像进行复制绘画。不确定克隆基准点而直接绘画，则会应用"媒体选择器"面板中当前所选的图案进行绘画。使用克隆画笔进行复制绘画的效果如图 3-17 所示，其笔触效果如图 3-18 所示。

图 3-17　克隆画笔绘画效果

 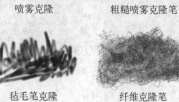    

| 鬃毛油画克隆笔 | 油性鬃毛克隆笔 | 厚涂驼毛克隆笔 | 油性驼毛克隆笔 | 粉笔克隆笔 |

| 喷雾克隆 | 粗糙喷雾克隆笔 | 彩色铅笔克隆 | 蜡笔克隆 | 雨点克隆 |

| 毡毛笔克隆 | 纤维克隆笔 | 优质水彩克隆笔 | 精细喷雾克隆笔 | 厚涂扁平克隆笔 |

| 油性扁平克隆笔 | 毛皮克隆笔 | 涂鸦克隆笔 | 印象派克隆笔 | 融化克隆笔 |

图 3-18　克隆笔的笔触效果

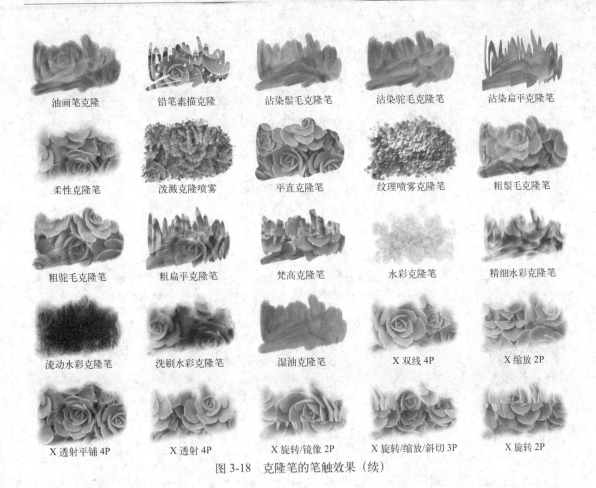

油画笔克隆	铅笔素描克隆	沾染鬃毛克隆笔	沾染驼毛克隆笔	沾染扁平克隆笔
柔性克隆笔	泼溅克隆喷雾	平直克隆笔	纹理喷雾克隆笔	粗鬃毛克隆笔
粗驼毛克隆笔	粗扁平克隆笔	梵高克隆笔	水彩克隆笔	精细水彩克隆笔
流动水彩克隆笔	洗刷水彩克隆笔	湿油克隆笔	X 双线 4P	X 缩放 2P
X 透射平铺 4P	X 透射 4P	X 旋转/镜像 2P	X 旋转/缩放/斜切 3P	X 旋转 2P

图 3-18 克隆笔的笔触效果（续）

3.11 彩色铅笔

现实中彩色铅笔的笔芯由色素、陶土和蜡混合制作而成，绘画线条柔和，易于擦除修改，是非常容易掌握的绘画工具，如图 3-19 所示。Painter 中的彩色铅笔画笔，能够很好地模拟出各类彩铅的绘画笔触，其笔触效果如图 3-20 所示。

图 3-19 彩色铅笔和彩铅绘画作品

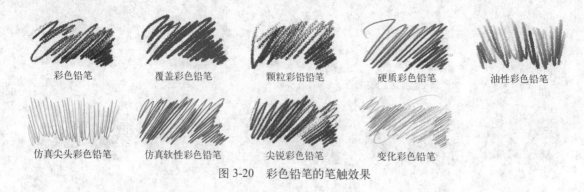

彩色铅笔　　　　覆盖彩色铅笔　　　　颗粒彩色铅笔　　　　硬质彩色铅笔　　　　油性彩色铅笔

仿真尖头彩色铅笔　　仿真软性彩色铅笔　　尖锐彩色铅笔　　变化彩色铅笔

图 3-20　彩色铅笔的笔触效果

3.12　孔特粉笔

孔特粉笔是一种用油脂混合色粉制作的蜡性粉笔，带有较强的黏性和不透明性，成型后内部松软，更容易附着在纸张上。Painter 中的孔特粉笔的笔触效果如图 3-21 所示。

钝头孔特粉笔　　　仿真硬蜡笔　　　　仿真软蜡笔　　　矩形孔特粉笔　　　锥形孔特粉笔

图 3-21　孔特粉笔的笔触效果

3.13　蜡笔

蜡笔是将颜料掺在蜡里制作而成，有数十种颜色，质地松软且没有渗透性，附着力不强，所以只适合在比较粗糙的表面绘画，通过绘画时的用力程度控制笔触的强度和颜色深浅，如图 3-22 所示。Painter 中的蜡笔变量的笔触效果如图 3-23 所示。

图 3-22　蜡笔和蜡笔画作品

普通蜡笔　　　　　　钝头蜡笔　　　　　　颗粒硬质蜡笔

图 3-23　蜡笔的笔触效果

| 中型钝头蜡笔 | 尖角蜡笔 | 石蜡蜡笔 |

图 3-23　蜡笔的笔触效果（续）

3.14　数码水彩

　　数码水彩画笔不用在水彩图层上绘画，在普通图层上即可模拟出类似使用水彩笔绘画的效果，只是绘画的笔触不能像水彩画笔那样与纸张形成明显的浸透效果，但绘画的笔触宽度，还是会受到画笔压力的影响。数码水彩画笔变量的笔触效果如图 3-24 所示。

宽水彩画笔	粗糙干画笔	粗糙涂抹画笔	粗糙水笔	晕染水笔
干画笔	细尖水笔	精细涂抹画笔	扁平调和水笔	新简单调和笔
新简单晕染笔	新简单水彩笔	简单尖水彩笔	纯水鬃毛笔	纯水画笔
仿真油画笔水彩	仿真平笔水彩	仿真锥形水彩	圆头渐变水笔	结晶点水彩
简单水彩笔	柔性宽画笔	柔性晕染笔	柔性圆头调和笔	泼溅水彩笔
锥形晕染水笔	水洗笔	湿橡皮擦	点状湿橡皮擦	

图 3-24　数码水彩画笔的笔触效果

3.15 扭曲

扭曲画笔中的变量可以对图像像素进行各种形式的扭曲处理，以得到绘画画笔不能产生的变化效果，通常在进行位图图像处理时使用。Painter 中的扭曲画笔变量的应用效果如图 3-25 所示。

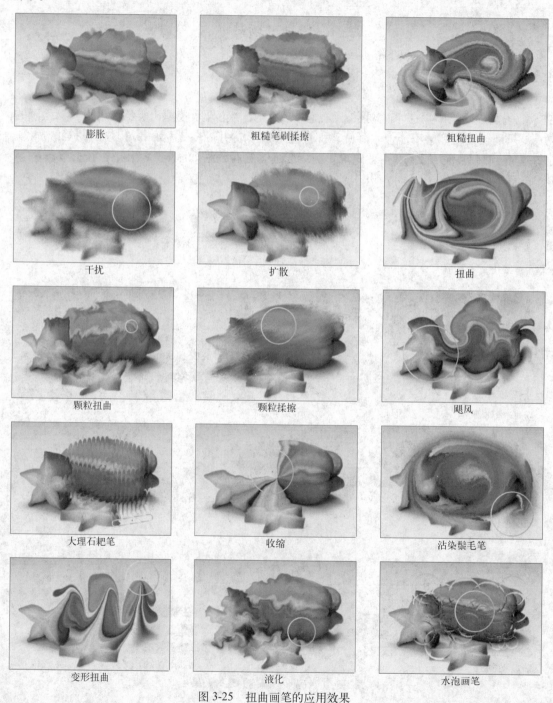

膨胀   粗糙笔刷揉擦   粗糙扭曲

干扰   扩散   扭曲

颗粒扭曲   颗粒揉擦   飓风

大理石耙笔   收缩   沾染鬃毛笔

变形扭曲   液化   水泡画笔

图 3-25 扭曲画笔的应用效果

3.16 橡皮擦

橡皮擦画笔中提供了多种不同笔触效果的图像擦除工具，主要用于清除不需要的图像内容，以及涂绘出特殊的图像效果。Painter 中的橡皮擦画笔变量的应用效果如图 3-26 所示。

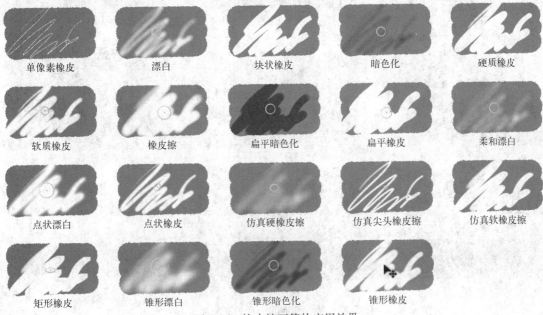

单像素橡皮	漂白	块状橡皮	暗色化	硬质橡皮
软质橡皮	橡皮擦	扁平暗色化	扁平橡皮	柔和漂白
点状漂白	点状橡皮	仿真硬橡皮擦	仿真尖头橡皮擦	仿真软橡皮擦
矩形橡皮	锥形漂白	锥形暗色化	锥形橡皮	

图 3-26　橡皮擦画笔的应用效果

3.17 特效

特效画笔包含了多个可以生成仿真图案或对图像进行特效处理的编辑工具，其画笔变量的应用效果如图 3-27 所示。

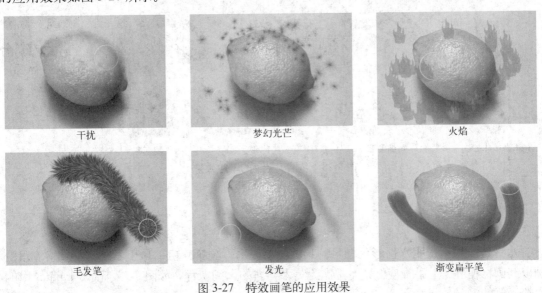

| 干扰 | 梦幻光芒 | 火焰 |
| 毛发笔 | 发光 | 渐变扁平笔 |

图 3-27　特效画笔的应用效果

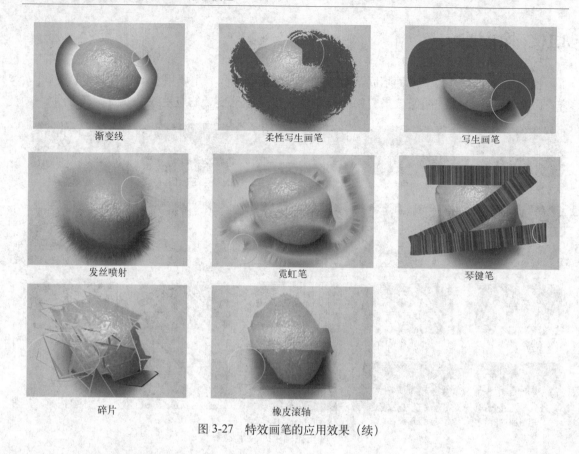

渐变线　　柔性写生画笔　　写生画笔

发丝喷射　　霓虹笔　　琴键笔

碎片　　橡皮滚轴

图 3-27　特效画笔的应用效果（续）

3.18　毡制矢量笔

毡制矢量笔是模拟使用密集的短细毡毛制作的画笔，可以绘画出类似矢量图一样边缘清晰的笔触。Painter 中的毡制矢量笔变量的应用效果如图 3-28 所示。

艺术马克笔　　硬质尖头笔　　设计专用马克笔　　脏马克笔　　毡毛马克笔

精细点状马克笔　　精细尖笔　　中型尖毡笔　　可塑性马克笔

图 3-28　毡制矢量笔的笔触效果

3.19　水粉笔

水粉是一种不透明水性彩色颜料，其颗粒要比水彩颜料略粗，易于表现厚重质感。水粉画以其画材便宜、上手难度低，通常作为美术学习的入门课程，如图 3-29 所示。Painter 中的水粉画笔的笔触效果如图 3-30 所示。

图 3-29　水粉颜料与水粉静物画

覆盖宽画笔　　　不透明细节画笔　　　精细鬃毛笔　　　精细水粉圆笔　　　不透明水粉平笔

不透明平滑画笔　　　粗水粉平笔　　　粗水粉圆笔　　　湿性水粉圆笔

图 3-30　水粉画笔的笔触效果

3.20　图像水管

图像水管不同于一般画笔，不能使用画笔笔触或颜料进行涂绘。选择需要的画笔变量后，在"媒体选择器"面板中按下"喷图"图标，并在弹出的面板中选择所需的图案类型，即可按选定画笔变量所定义的排列规则，直接喷绘出成片的位图图案。在实际使用中，常需要通过"画笔控制面板"对图案笔触的角度、间距、图案随机性等进行调整，如图 3-31 所示。Painter 中的图像水管的笔触应用效果如图 3-32 所示。

图 3-31　图像水管的设置与绘画应用

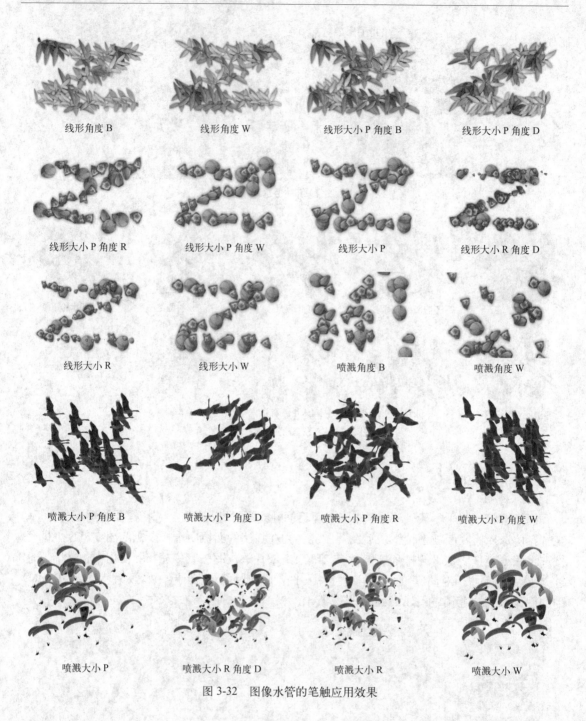

线形角度 B　　　　线形角度 W　　　　线形大小 P 角度 B　　　　线形大小 P 角度 D

线形大小 P 角度 R　　　　线形大小 P 角度 W　　　　线形大小 P　　　　线形大小 R 角度 D

线形大小 R　　　　线形大小 W　　　　喷溅角度 B　　　　喷溅角度 W

喷溅大小 P 角度 B　　　　喷溅大小 P 角度 D　　　　喷溅大小 P 角度 R　　　　喷溅大小 P 角度 W

喷溅大小 P　　　　喷溅大小 R 角度 D　　　　喷溅大小 R　　　　喷溅大小 W

图 3-32　图像水管的笔触应用效果

3.21　厚涂

　　厚涂画笔可以模拟现实绘画中对黏稠颜料的应用技法，涂绘出带有厚重颜料的笔触，可以展现清晰的肌理和强烈的光线对比，常用于色彩对比鲜明的绘画中，如动漫角色造型、CG 插画、油画风格绘画等，如图 3-33 所示。Painter 中的厚涂画笔的笔触应用效果如图 3-34 所示。

图 3-33　厚涂绘画作品

腐蚀厚涂

透明清漆

厚涂颜色擦除

厚涂擦除

湿性鬃毛笔

球形厚涂

厚涂耙笔

沾染厚涂

扭曲厚涂

纤维

软胶

颗粒厚涂

写生画笔

图案钢笔厚涂

载色调色刀

不透明鬃毛笔

不透明平笔

不透明圆笔

调色刀

图案厚涂

圆头驼毛笔

沾染分叉鬃毛笔

沾染鬃毛笔

沾染平笔

沾染圆笔

沾染清漆

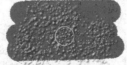

纹理-透明

纹理-精细

纹理-浓重

纹理-变化

粗鬃毛笔

浓厚透明清漆

粗圆笔

图 3-34　厚涂画笔的笔触应用效果

粗锥形平笔

湿性粗平笔

湿性粗圆笔

不透明变化平笔

图 3-34　厚涂画笔的笔触应用效果（续）

3.22　油墨

在现实中，油墨是油性墨水与彩色颜料的混合，主要用于彩色胶印、丝网印刷，也会被艺术家用于绘画创作。油墨画笔是模拟使用彩色油墨进行绘画的笔触效果，其油性特质与一般颗粒性颜料的涂绘效果略有差异，如图 3-35 所示。在油墨画笔的变量中，腐蚀类画笔不能应用色彩进行绘画，而是用于在已经存在的油墨笔触上进行涂抹，以所选择的笔刷样式修改油墨笔触。与水彩画笔一样，油墨画笔只能在油墨图层上绘画。如果当前图像文件中没有油墨图层，那么在使用油墨画笔进行绘画时，也将自动生成油墨图层。Painter 中的油墨画笔的笔触应用效果如图 3-36 所示。

图 3-35　油墨颜料与绘画作品

喷笔

书法平笔

块状墨水

喷笔腐蚀

粗糙喷笔腐蚀

粗糙喷笔

粗糙鬃毛笔腐蚀

粗糙鬃毛笔

粗糙驼毛笔腐蚀

粗糙驼毛笔

粗糙平笔腐蚀

粗糙平笔

厚涂鬃毛笔

厚涂驼毛笔

厚涂平笔

图 3-36　油墨画笔的笔触效果

图 3-36 油墨画笔的笔触效果（续）

3.23　马克笔

马克笔又称记号笔，是一种书写和绘画兼用的画笔，在笔管内的海绵中存储彩色墨水，笔头一般为较硬质的紧实纤维，常用于快速绘画、各种设计草图、POP 海报书写绘画等，如图 3-37 所示。马克笔的墨水有油性、酒精、水性之分，笔头也有粗细和形状之分，Painter 中提供的马克笔画笔变量，可以比较全面地再现各种真实马克笔的绘画效果，这些变量的笔触效果如图 3-38 所示。

图 3-37　马克笔与绘画应用

| 刻凿尖头马克笔 | 干刻凿尖头马克笔 | 细致尖头马克笔 | 扁平涂绘马克笔 | 漏水马克笔 |
| 尖锐涂绘马克笔 | 圆头尖马克笔 | 涂鸦干尖头马克笔 | 尖锐马克笔 | 变化刻凿尖头马克笔 |

图 3-38　马克笔的笔触效果

3.24　油性蜡笔

油性蜡笔又称为油画棒，由颜料、油、蜡等特殊混合物制作而成。与只是由颜料混合蜡制作而成的蜡笔相比，硬度适中，更耐高温且附着力更强；色彩艳丽，可以像油画一样反复添加覆盖形成混色，笔触效果更明显，如图 3-39 所示。Painter 中的油性蜡笔的笔触应用效果如图 3-40 所示。

图 3-39　油画棒和绘画作品

粗油性蜡笔

油性蜡笔

仿真硬蜡笔

仿真软蜡笔

圆头油性蜡笔

软油性蜡笔

变化油性蜡笔

图 3-40　油性蜡笔的笔触效果

3.25　油画笔

现实中油画笔一般为木质笔杆，也有部分塑料笔杆。笔毛的选择则比较多样，一般为猪鬃，也有部分采用貂毛、狼毫、牛毛、驼毛、化纤等制作而成。按笔头形状分圆头笔、平头笔、扇形笔、排笔等，型号大小也是多种多样，可以进行精细的笔触和肌理的刻画。油画可以在亚麻画布、木板、纸板上绘画，不同材质和笔尖形状的笔头，在绘画时形成的笔触也是丰富多样，配合不同的绘画技法，使油画作品具有优秀的艺术表现力，如图 3-41 所示。Painter中的油画笔的笔触应用效果如图 3-42 所示。

图 3-41　油画笔和油画作品

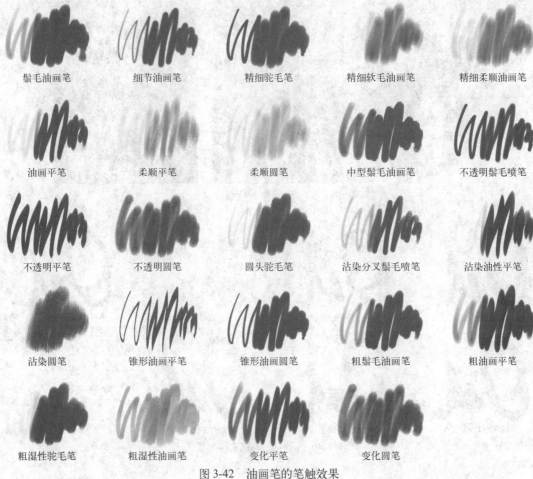

鬃毛油画笔	细节油画笔	精细驼毛笔	精细软毛油画笔	精细柔顺油画笔
油画平笔	柔顺平笔	柔顺圆笔	中型鬃毛油画笔	不透明鬃毛喷笔
不透明平笔	不透明圆笔	圆头驼毛笔	沾染分叉鬃毛喷笔	沾染油性平笔
沾染圆笔	锥形油画平笔	锥形油画圆笔	粗鬃毛油画笔	粗油画平笔
粗湿性驼毛笔	粗湿性油画笔	变化平笔	变化圆笔	

图 3-42 油画笔的笔触效果

3.26 调色刀

　　现实中的调色刀主要在画布上刮擦颜料以得到需要的画面效果，或者直接用调色刀蘸取油画颜料进行厚涂绘画。调色刀的形状和尺寸也比较多样，配合多种技法，可以绘画出笔触厚重明显的艺术作品，如图 3-43 所示。Painter 中调色刀画笔变量的笔触应用效果如图 3-44 所示。

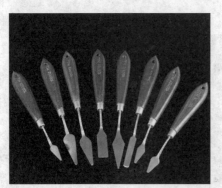

图 3-43 调色刀与调色刀绘画作品

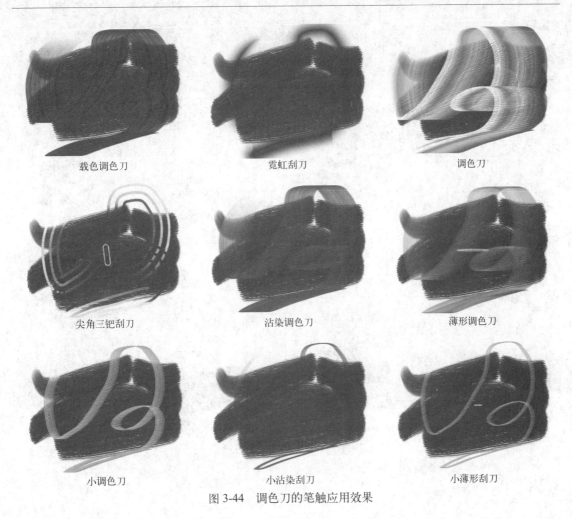

载色调色刀	霓虹刮刀	调色刀
尖角三钯刮刀	沾染调色刀	薄形调色刀
小调色刀	小沾染刮刀	小薄形刮刀

图 3-44　调色刀的笔触应用效果

3.27　粉蜡笔

　　粉蜡笔的绘画效果与粉笔相似，但又加入了胶水溶剂和蜡性黏结剂混合后在模具中压制而成，所以在纸张上的附着力要比粉笔强。黏结剂的分量比例不同，制作出的粉蜡笔也会有软硬的差别，绘画时显现的笔触色彩深度也不同，可以很容易地表现色彩浓淡的差别变化，如图 3-45 所示。Painter 中粉蜡笔变量的笔触应用效果如图 3-46 所示。

图 3-45　彩色粉蜡笔与绘画作品

图 3-46　粉蜡笔的笔触效果

3.28　图案画笔

　　使用图案画笔进行绘画时，绘画的笔迹中会显示"媒体选择器"面板（或"外观材质库"面板）中选定的图案，笔迹的形状由所选择的画笔变量决定。Painter 支持用户自定义需要的图案，可以很方便地绘画出重复图案的笔触，并且图案的轨迹将与笔触的轨迹方向变化保持一致。Painter 中图案画笔变量的笔触应用效果如图 3-47 所示。

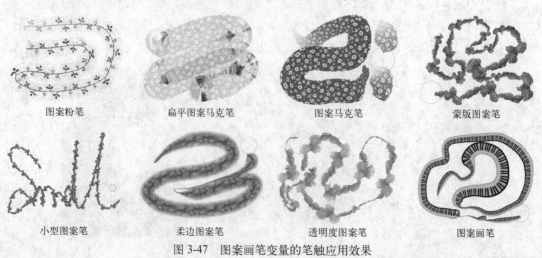

图 3-47　图案画笔变量的笔触应用效果

3.29　铅笔

铅笔是最常见的绘画书写工具之一，其种类多样，绘画线条富于变化，容易通过笔触的着色深浅和线条的疏密来表现明暗和层次关系，是素描、速写等基础绘画的入门首选，如图 3-48 所示。Painter 中铅笔画笔变量的笔触应用效果如图 3-49 所示。

图 3-48　铅笔和铅笔画

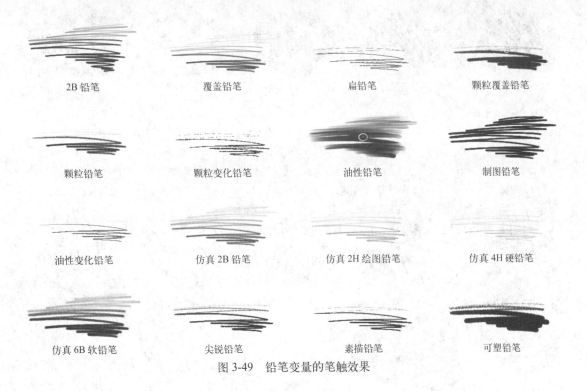

2B 铅笔	覆盖铅笔	扁铅笔	颗粒覆盖铅笔
颗粒铅笔	颗粒变化铅笔	油性铅笔	制图铅笔
油性变化铅笔	仿真 2B 铅笔	仿真 2H 绘图铅笔	仿真 4H 硬铅笔
仿真 6B 软铅笔	尖锐铅笔	素描铅笔	可塑铅笔

图 3-49　铅笔变量的笔触效果

3.30　钢笔

钢笔也是最常用的书写绘画工具，其笔触线条纤细流畅，清晰鲜明，适用于素描写生或速写绘画的应用，如图 3-50 所示。Painter 中的钢笔画笔变量能很好地再现各类钢笔、硬笔的笔触应用效果,如图 3-51 所示。

图 3-50　钢笔与钢笔画作品

单像素	圆珠笔	竹笔	拉丝铁线笔	三线耙笔
速写钢笔	针管笔	平涂彩笔	渐变钢笔	重复渐变钢笔
漏水笔	纤维线条笔	仿真滴漏笔	仿真针管笔	仿真宽度变化笔
芦苇杆画笔	圆头尖笔	涂鸦耙笔	涂鸦笔	平滑墨水笔

平滑圆头画笔　　　　　　　　　　　　　　　美工钢笔

图 3-51　钢笔变量的笔触效果

3.31　照片

照片类画笔主要是通过涂绘的方式，在位图图像上进行图像变化处理，常用于对数码照片图像的修饰处理，其笔触应用效果如图 3-52 所示。

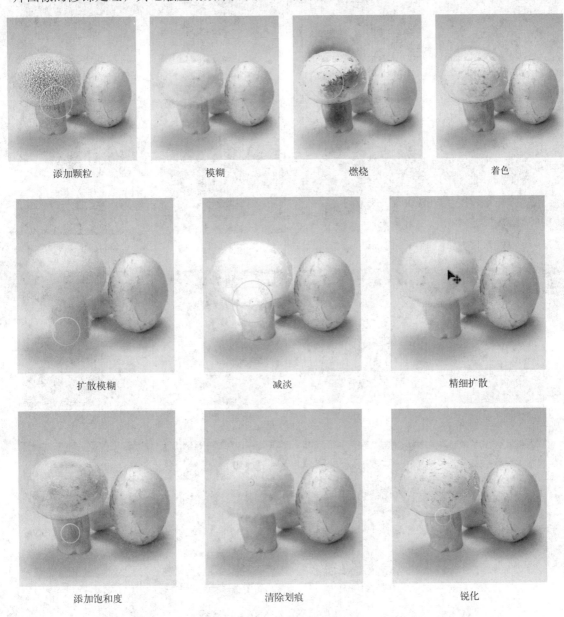

添加颗粒　　模糊　　燃烧　　着色

扩散模糊　　减淡　　精细扩散

添加饱和度　　清除划痕　　锐化

图 3-52　照片变量的笔触应用效果

3.32　仿真鬃毛笔

仿真鬃毛笔可以模拟出各种采用猪鬃作为笔头的画笔笔触，逼真地再现鬃毛笔在纸张上绘画时清晰的粗糙笔刷痕迹，如图 3-53 所示。

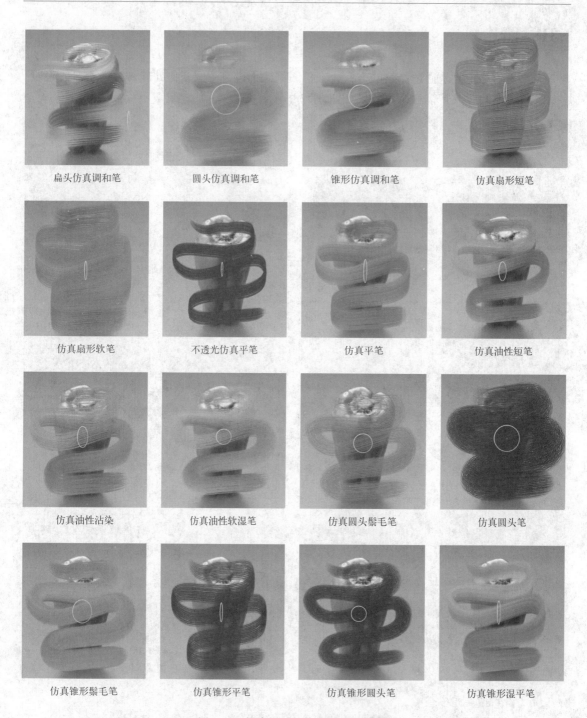

图 3-53 仿真鬃毛笔的笔触应用效果

3.33 灵巧笔触画笔

灵巧笔触画笔可以应用程序提供的图案和用户自定义的图案，模拟多种类型的画笔笔触进行绘画，如图 3-54 所示。

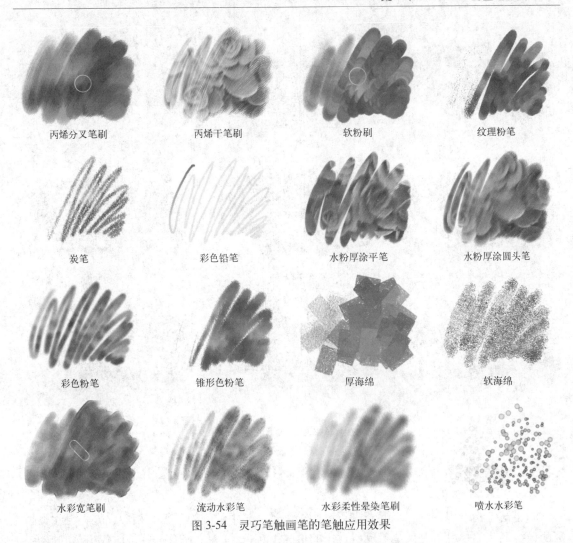

丙烯分叉笔刷　　　丙烯干笔刷　　　　软粉刷　　　　纹理粉笔

炭笔　　　　彩色铅笔　　　水粉厚涂平笔　　　水粉厚涂圆头笔

彩色粉笔　　　锥形色粉笔　　　厚海绵　　　　软海绵

水彩宽笔刷　　　流动水彩笔　　　水彩柔性晕染笔刷　　　喷水水彩笔

图 3-54　灵巧笔触画笔的笔触应用效果

3.34　海绵

使用海绵进行绘画是指利用海绵可以吸取液态颜料的特性，在纸张上进行绘画，以其不同细密程度的微孔表面涂抹出特有的纹理笔触效果，如图 3-55 所示。Painter 中海绵画笔变量的笔触应用效果如图 3-56 所示。

图 3-55　海绵与海绵画作品

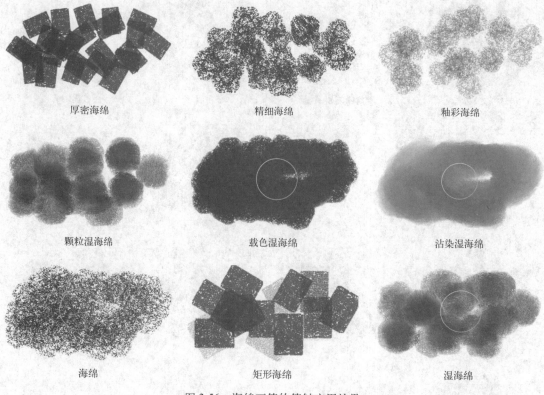

厚密海绵   精细海绵   釉彩海绵

颗粒湿海绵   载色湿海绵   沾染湿海绵

海绵   矩形海绵   湿海绵

图 3-56   海绵画笔的笔触应用效果

3.35 水墨笔

　　水墨笔是指专用墨汁和水混合进行绘画的画笔，与中国画的毛笔有相似之处，但此类画笔所模拟笔头的材料不仅仅是毛笔所常用的狼毫、兔毫、羊毫，还有一些是比较粗糙的鬃毛、细密海绵或人造纤维毛。利用不同混合比例的水墨和绘画着力程度、运笔技巧，可以在画纸上呈现多变的涂绘晕染效果，如图 3-57 所示。Painter 中提供的水墨笔画笔变量模拟出的笔触效果，有小部分与国画毛笔的笔触相似，其他的画笔笔触则根据所模拟笔头的材质来决定，如图 3-58 所示。

图 3-57   水墨笔与水墨画

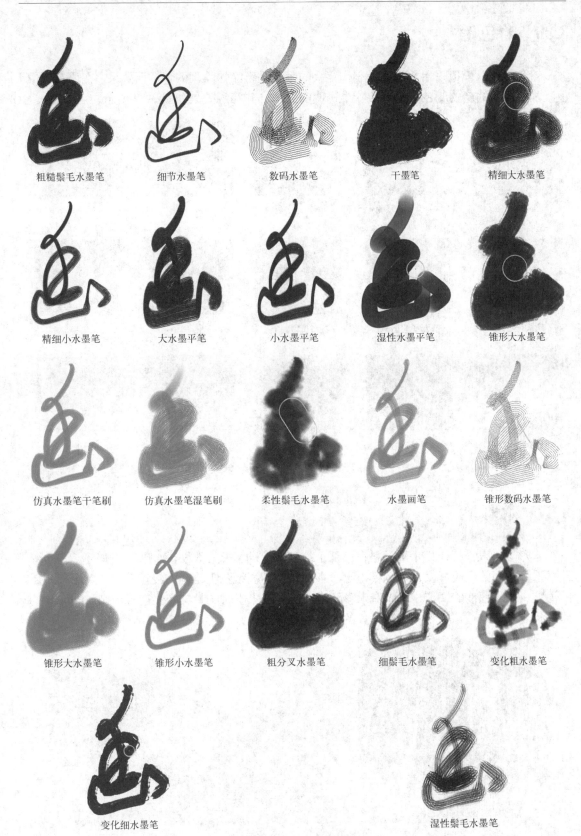

粗糙鬃毛水墨笔　　细节水墨笔　　数码水墨笔　　干墨笔　　精细大水墨笔

精细小水墨笔　　大水墨平笔　　小水墨平笔　　湿性水墨平笔　　锥形大水墨笔

仿真水墨笔干笔刷　　仿真水墨笔湿笔刷　　柔性鬃毛水墨笔　　水墨画笔　　锥形数码水墨笔

锥形大水墨笔　　锥形小水墨笔　　粗分叉水墨笔　　细鬃毛水墨笔　　变化粗水墨笔

变化细水墨笔　　　　　　　　　　湿性鬃毛水墨笔

图 3-58　水墨笔的笔触效果

3.36　着色笔

　　着色笔可以模拟采用柔细毛发制作笔头的画笔进行涂抹绘画的半透明效果，在原有图像上添加半透明的新的颜色，或者擦除半透明的效果，其笔触效果如图 3-59 所示。

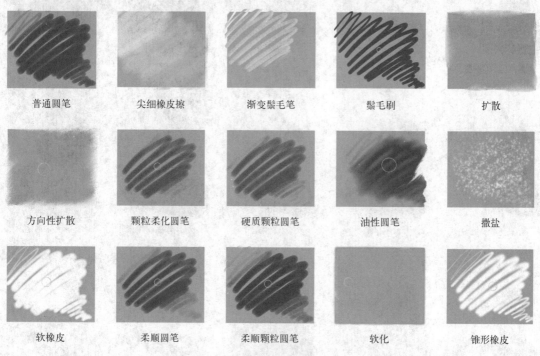

普通圆笔	尖细橡皮擦	渐变鬃毛笔	鬃毛刷	扩散
方向性扩散	颗粒柔化圆笔	硬质颗粒圆笔	油性圆笔	撒盐
软橡皮	柔顺圆笔	柔顺颗粒圆笔	软化	锥形橡皮

图 3-59　着色笔的笔触效果

3.37　水彩笔

　　水彩笔可以模拟使用水彩颜料在画纸上绘画的流动、晕染效果，如图 3-60 所示。为水彩图层选择不同的纸纹样式，可以模拟出水彩颜料在不同纸张上绘画的浸透变化；对水彩图层的湿度、干燥程度的调节，可以对水彩颜料涂绘到纸张上时的晕染变化进行控制。Painter 的水彩笔变量可以模拟多种材质和样式的水彩画笔笔触效果，如图 3-61 所示。

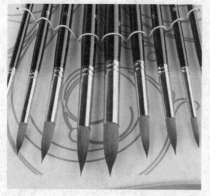

图 3-60　水彩画笔和水彩画

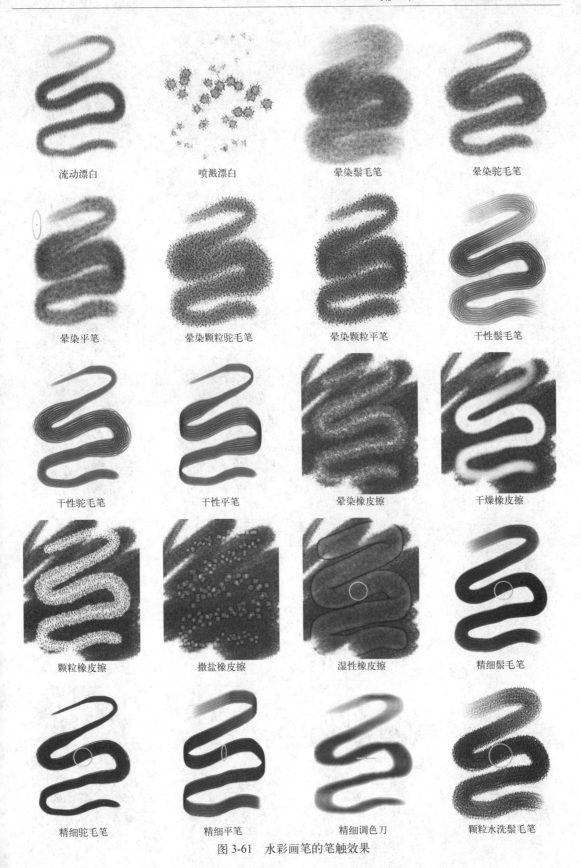

流动漂白	喷溅漂白	晕染鬃毛笔	晕染驼毛笔
晕染平笔	晕染颗粒驼毛笔	晕染颗粒平笔	干性鬃毛笔
干性驼毛笔	干性平笔	晕染橡皮擦	干燥橡皮擦
颗粒橡皮擦	撒盐橡皮擦	湿性橡皮擦	精细鬃毛笔
精细驼毛笔	精细平笔	精细调色刀	颗粒水洗鬃毛笔

图 3-61　水彩画笔的笔触效果

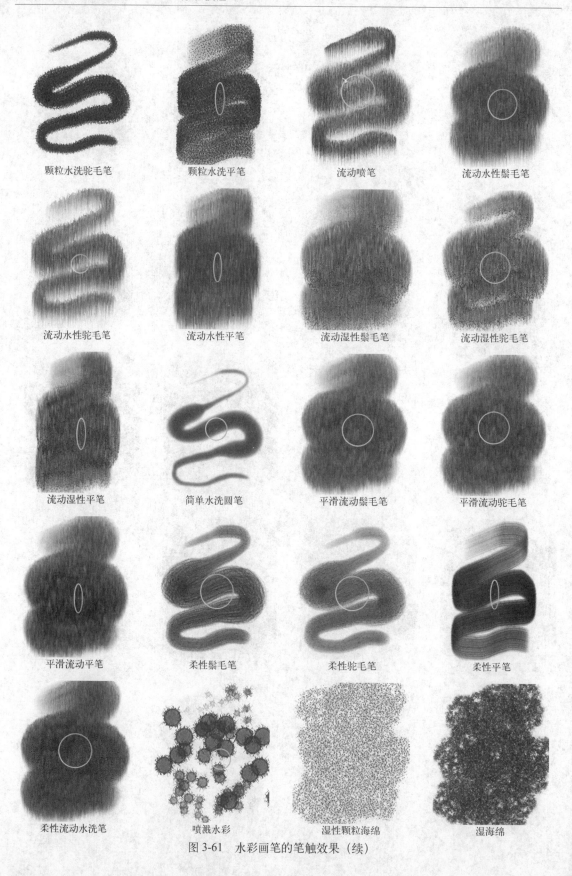

颗粒水洗驼毛笔　　　　颗粒水洗平笔　　　　　流动喷笔　　　　　流动水性鬃毛笔

流动水性驼毛笔　　　　流动水性平笔　　　　流动湿性鬃毛笔　　　流动湿性驼毛笔

流动湿性平笔　　　　简单水洗圆笔　　　　平滑流动鬃毛笔　　　平滑流动驼毛笔

平滑流动平笔　　　　　柔性鬃毛笔　　　　　柔性驼毛笔　　　　　柔性平笔

柔性流动水洗笔　　　　喷溅水彩　　　　　湿性颗粒海绵　　　　　湿海绵

图 3-61　水彩画笔的笔触效果（续）

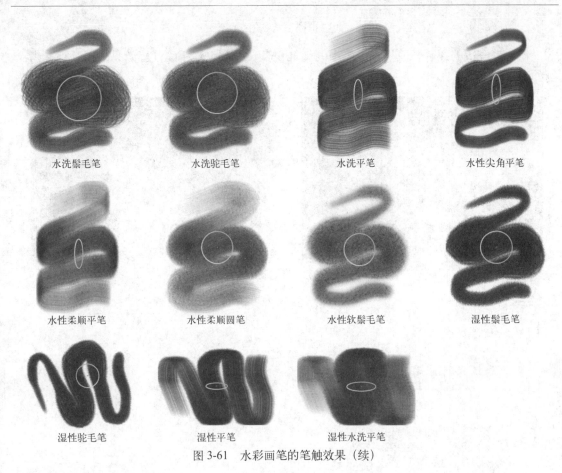

| 水洗鬃毛笔 | 水洗驼毛笔 | 水洗平笔 | 水性尖角平笔 |

| 水性柔顺平笔 | 水性柔顺圆笔 | 水性软鬃毛笔 | 湿性鬃毛笔 |

| 湿性驼毛笔 | 湿性平笔 | 湿性水洗平笔 |

图 3-61　水彩画笔的笔触效果（续）

3.38　课后习题

一、选择题

1. 使用（　　）类画笔，可以对图层中图像的像素进行移动，使笔触涂抹到的像素产生融合变化，形成艺术化的特殊效果。

　　A. 喷笔　　　　　　B. 调和笔　　　　　　C. 书法笔　　　　　　D. 扭曲

2. 可以应用"媒体选择器"面板中的喷图图案进行绘画的画笔类型是（　　）。

　　A. 数码水彩　　　B. 特效　　　　　　C. 图像水管　　　　D. 图案画笔

3. 可以生成如图 3-62 所示特效的画笔变量是（　　）。

　　A. 仿真长鬃毛笔　B. 扩散模糊　　　　C. 毛发笔　　　　　D. 添加颗粒

图 3-62　图片处理前后效果

二、操作题

找一张合适的照片，使用克隆笔中的画笔变量，绘制一张手绘油画效果的照片，参考示例如图 3-63 所示。

图 3-63　克隆笔复制绘画效果

第 4 章　画笔的设置与管理

　学习要点

➤ 熟练掌握画笔工具属性栏中基本工具按钮和常见设置选项的应用功能
➤ 熟悉各种常用画笔控制选项面板的应用功能，了解其中选项的设置用途

Painter 2015 提供的画笔工具种类多样，几乎可以模拟所有主流的绘画工具。在选择画笔变量进行绘画操作之前，都需要对其基本属性进行必要的设置，包括笔迹绘画方式、笔刷大小、不透明度、颜色混合度、鬃毛密度等。不同类型的画笔，因为所模拟绘画工具的类型差异，其具体的属性选项也不同。

4.1　画笔基本属性设置

在画笔选择器面板中选择一种画笔变量后，即可在画笔工具属性栏中对其基本属性选项进行设置，常见的画笔属性设置如图 4-1 所示。

图 4-1　选择不同画笔变量时的属性工具栏

- ✂（重新设置工具）：按下该按钮，可以将当前工具在属性栏中的所有选项参数恢复至默认状态。
- ✌（徒手绘笔触）：默认的绘画方式，绘画时产生的笔迹完全和鼠标或手绘笔的绘画轨迹一致。
- ✌（直线笔触）：单击激活该按钮，进入直线笔触绘画方式；在图像窗口中每单击一次，即在该位置与上一次单击的位置形成笔触连线。也可以在新位置按下鼠标或手绘笔时继续拖动，此时将显示出当前轨迹的预览虚线，在移动到需要的位置时释放，即可生成绘画笔迹，完成需要的绘画后，单击 Enter 键进行确认即可，如图 4-2 所示。

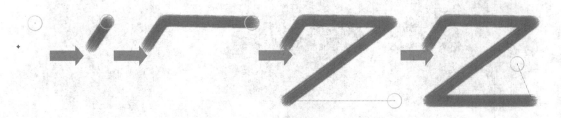

图 4-2　直线笔触绘画方式

- ● （对齐路径）：该绘画方式在图像窗口中有矢量路径存在时可用。激活该按钮后，沿画笔当前图层中的路径进行绘画时，产生的笔触将自动对齐到路径；如果鼠标或手绘笔在绘画过程中偏离路径太远，将不会产生绘画笔触。这种绘画方式适合在需要精细流畅的笔触图像时，可以先用"钢笔"工具、矢量图形编辑工具绘制路径并调整好形状，然后再沿路径曲线绘制，即可生成形状准确的绘画图像，如图 4-3 所示。

图 4-3　对齐路径绘画方式

- ● （透射辅助线笔触）：按下该按钮，可以激活该绘画模式并在绘图窗口中显示出透视辅助线，此时在图像窗口中，将沿鼠标或手绘笔涂绘方向的透视辅助线进行绘画，如图 4-4 所示。

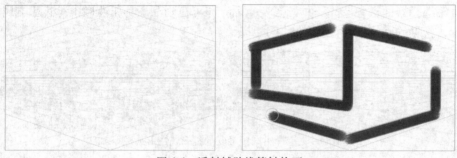

图 4-4　透射辅助线笔触绘画

- ● （大小）：通过输入数值或在单击选项后面下列按钮弹出的滑动条上移动滑块的方式，对所选画笔变量的笔尖笔触大小进行设置。
- ● （不透明度）：用于调节画笔笔触的不透明度。当数值为 100% 时，所绘制笔触的色彩可以完全覆盖下层的颜色（覆盖类画笔变量除外；同时，部分画笔变量的笔触不透明度会根据手绘笔压力的变化而变化，压力小则接近透明）。不透明度低于 100% 时，则呈现不同程度的半透明效果，数值为 0 时完全透明，如图 4-5 所示。

图 4-5　"不透明度"分别为 100%、50% 和 20% 时的绘画笔触

- 颜色浓度：用于调节画笔变量应用色彩的浓度，相当于真实画笔绘画时所应用颜料的浓度。不同的画笔变量，在此选项中的默认数值也不同。调节该数值，可以改变绘画时的着色程度，如图 4-6 所示。

图 4-6　"颜色浓度"分别为 100、50 和 10 时的绘画笔触

- 颜色混合：用于调节新绘画笔触的颜色与该位置原有图像色彩中间的混合程度。不同的画笔变量，该选项在应用时的效果程度也不同。
- 笔触抖动：用于调节使用画笔变量在纸张上绘画时，画笔笔触的抖动程度。抖动数值越大，绘画的笔触越紊乱，笔触边缘越不整齐，如图 4-7 所示。

图 4-7　"笔触抖动"分别为 0、0.5 和 1.5 时的绘画笔触

- 扩散：用于设置喷涂类画笔在绘画时所喷射颗粒的扩散程度。
- 流量：用于设置喷涂类画笔在单位时间内喷射颗粒的数量。
- 鬃毛密度：用于设置所模拟的鬃毛类画笔笔头鬃毛的细密程度。数值越大，表示鬃毛间的间隙越大，笔头的鬃毛也就越稀疏。如图 4-8 所示为"精细水粉圆笔 30"在分别将"鬃毛密度"设置为 5.0、3.0 和 1.0 时的笔触绘画效果。

图 4-8　不同鬃毛密度的笔触效果

- 纹理：用于设置绘画时色彩在纸张上呈现纹理的程度。数值越大，笔触下呈现的纸张纹理越明显；数值越小，则呈现的纸张纹理越细微，如图 4-9 所示。

图 4-9   "纹理"分别为 100、50 和 5 时的绘画笔触

- 渐变：用于设置有渐变调和效果的画笔，在绘画时笔触渐变效果的开始位置。数值越大，其笔触渐变效果的开始位置越靠近开端；数值越小，则越远离笔触开端，如图 4-10 所示。

图 4-10   "渐变"分别为 80、40 和 10 时的绘画笔触

- 湿度：用于设置画笔笔头上色彩颜料的湿度。数值越大，色彩颜料越湿润，与纸张的融合越明显，一笔可以拖绘的笔触也越长；数值越小，色彩颜料越干，一笔可以拖绘的笔触越短，如图 4-11 所示。

图 4-11   "湿度"分别为 80、40 和 10 时的绘画笔触

- 晕染：用于设置水性画笔在绘画时，色彩颜料在纸张上的晕染程度。数值越大，笔触晕染范围越大；数值越小，则晕染范围越小，如图 4-12 所示。

图 4-12   "晕染"分别为 20、10 和 1 时的绘画笔触

不同的画笔变量具有不同的属性选项。同一画笔变量具有多个影响笔触效果的属性选项，这些属性之间也存在相互影响关系；同样的画笔属性设置，在不同类型的纸张上绘画时，笔触的呈现效果也不同，在应用时要注意仔细观察，以调节到实际需要的效果为准。

4.2　画笔控制选项设置

通过工具属性栏只能对画笔变量进行一些简单的调整设置。要最大化地发挥 Painter 强大的画笔模拟功能，得到能满足各种绘画需要的画笔笔触效果，需要对画笔变量进行更详细的设置。执行"窗口→画笔控制面板→常规"命令或按"Ctrl+B"键，打开画笔设置集成面板，可以在各个独立的控制面板中，对画笔变量的笔触进行更细致的设置，如图 4-13 所示。

图 4-13　画笔控制面板

4.2.1　笔触预览

在"笔触预览"面板中形象地显示了使用当前画笔变量进行绘画的笔触效果。不同类型的画笔变量，其笔触效果的展示方式也不同，如图 4-14 所示。

图 4-14　"笔触预览"面板

4.2.2　常规

"常规"面板中显示了当前所选画笔变量的笔尖类型、笔触类型、绘画表现方式等属性，也可以在各选项的下拉列表中重新选择需要的选项，对当前画笔变量的绘画属性进行调整。

- 笔尖类型：在该下拉列表中选择需要的选项，改变当前所选画笔变量的笔尖类型，相当于保持当前画笔变量在工具属性栏和其他画笔控制选项面板中的设置状态下，更改画笔的绘画类型，如图 4-15 所示。
- 笔触类型：在该下拉列表中，显示了当前所选画笔类型可以应用的笔触类型，包括"单一""多重""分叉"和"水管"，不可用的将以灰色显示，不能选择，如图 4-16 所示。
- 方法：确定了"笔尖类型"和"笔触类型"的选项后，在此下拉列表可以选择笔触绘画表现方式，决定绘制的笔触与该位置原有图像色彩之间的影响方式，如图 4-17 所示。

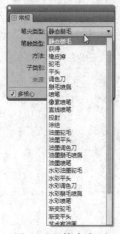
图 4-15　笔尖类型

图 4-16　笔触类型

图 4-17　方法

- ➢ 叠色法：绘画出的笔触带有半透明效果，与下层图像色彩重叠的部分颜色会加深，如图 4-18 所示。
- ➢ 覆盖法：不管颜色深浅，新绘画的笔触将盖住下层原来的图像，如图 4-19 所示。
- ➢ 橡皮擦：选择此方法时，画笔即变成带有当前变量属性的橡皮擦，可以擦除图像，如图 4-20 所示。

图 4-18　叠色法

图 4-19　覆盖法

图 4-20　橡皮擦

- ➢ 滴水法：选择此方法时绘制的笔触，类似在涂绘笔触的颜料上滴水，在画笔拖动时将带动笔触边缘的色彩产生流动效果。
- ➢ 留白法：使画笔笔触在绘画时完全覆盖下层图像，与"覆盖法"效果基本相同。
- ➢ 克隆：选择此方法时，画笔即变成带有当前变量属性的克隆笔；可以直接涂绘出所选择的图案笔触，也可以在按住 Alt 键确定克隆基准点后，在新的图像位置通过绘画克隆图像，如图 4-21 所示。

> 湿笔法：选择此方法时，画笔即变成带有当前变量属性的水彩笔；绘画出水彩笔触的图像时，也将自动创建水彩图层，如图 4-22 所示。
> 数码湿笔法：选择此方法时，画笔即变成带有当前变量属性的数码水彩笔，可以绘画出数码水彩笔的笔触效果，如图 4-23 所示。

图 4-21 克隆　　　　　　图 4-22 湿笔法　　　　　　图 4-23 数码湿笔法

> 马克笔：选择此方法时，画笔即变成带有当前变量属性的马克笔，绘画出与马克笔笔触相似的笔触图像，可以呈现笔触与纸张纹理的融合效果，如图 4-24 所示。
> 外挂插件：选择此方法后，需要在下面的"子类别"下拉列表中选择具体的插件选项，决定绘画出的笔触图像效果，如图 4-25 所示。

图 4-24 马克笔　　　　　图 4-25 "发光画笔"和"叠加画笔"外挂插件绘画效果

● 子类别：用于在确定"方法"选项后制定更细致的笔触表现方式，选择不同的"方法"，在此下拉列表中的选项也不同，如图 4-26 所示。

图 4-26 "子类别"下拉列表

● 来源：在"笔尖类型"下拉列表中的部分类型，可以用于多种笔触内容的绘画，在此下拉列表中可以为其指定要应用的笔触内容来源，如图 4-27 所示。这些来源包括在"颜色"面板、"媒体选择器"面板中设置的颜色或渐变、图案等内容，各选项的绘画应用效果如图 4-28 所示。

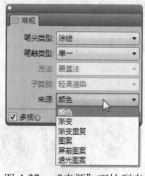

图 4-27　"来源"下拉列表

图 4-28　绘画应用效果

选择一个画笔变量并在"常规"等画笔控制选项面板中对其笔触属性进行修改设置后，下次再选择该画笔变量时，将继续使用修改后的笔触属性进行绘画。执行"画笔工具→恢复默认变量"命令或按工具属性栏中的"重新设置工具"按钮，可以将当前画笔变量的所有笔触属性恢复至初始状态。执行"画笔工具→恢复全部默认变量"命令，可以将所有画笔变量的属性恢复至初始状态。

4.2.3　不透明度

"不透明度"面板中的选项用于设置画笔变量的不透明度属性，如图 4-29 所示。

- 不透明度：用于设置画笔笔触的最大不透明度，与工具属性栏中的"不透明度"功能相同。
- 最小不透明度：用于设置进行手绘笔触时，最小不透明度相对于最大不透明度的百分比；数值越大，则绘画笔触的最小不透明度越接近"不透明度"选项中设置的数值，不透明度变化越细微。
- 不透明度抖动：用于设置画笔笔触中不透明度的抖动程度，产生不透明度间隙抖动的效果，如图 4-30 所示。
- 平滑度：用于设置不透明度抖动的变化效果平滑程度，数值越大，抖动变化效果越弱；数值为 100 时，无不透明度抖动效果。

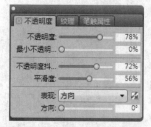

图 4-29　"不透明度"面板

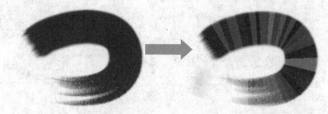

图 4-30　应用不透明度抖动前后的笔触效果对比

- 表现：用于为上面几个选项确定后的笔触效果指定进一步的笔触绘画表现方式，如图 4-31 所示。
- 方向：在"表现"下拉列表中选择"方向"时有效，用于设置绘画笔触的颜色变化角度。

- （反转不透明度表现）：按下该按钮后，绘画笔触的不透明度效果将与按下之前绘制的反转，如图 4-32 所示。

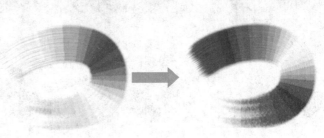

图 4-31　不透明度效果的表现方式　　　　　　　　图 4-32　反转不透明度效果

4.2.4　纹理

用于对绘画时的笔触所呈现纸张纹理的程度和效果进行更详细的设置，各选项的应用功能与"不透明度"面板中的选项对笔触不透明度的设置功能相似，如图 4-33 和图 4-34 所示。

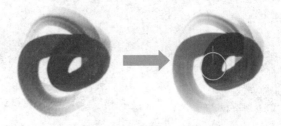

图 4-33　"纹理"面板　　　　　　　　图 4-34　"纹理"数值为 40 与 0 时的笔触效果

4.2.5　笔触属性

"笔触属性"面板用于设置新绘画的笔触图像与该位置被覆盖的图像之间（并非上下图层的图像）的混合方式。如果是在白底的画布层或一般图层上绘画，则显示该混合模式的直观绘画效果。在"笔触属性"面板中勾选"使用笔触属性"选项，在"混合模式"下拉列表中选择混合模式后再进行绘画，即可查看到该混合模式的绘画应用效果，如图 4-35 所示。其中"默认"模式即为"正常"模式，应用其他混合模式的笔触效果如图 4-36 所示。

图 4-35　"混合模式"下拉列表

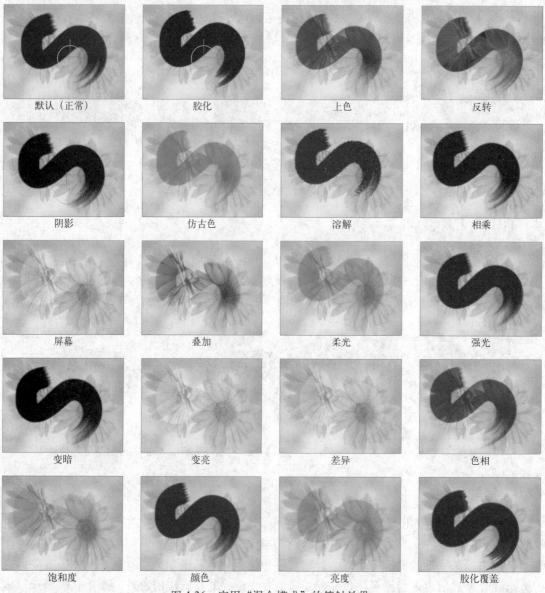

图 4-36 应用"混合模式"的笔触效果

4.2.6 大小

　　"大小"面板中的选项用于对画笔绘画笔触的大小和变化效果进行设置，其中各选项的应用功能与"不透明度"面板中的选项对笔触不透明度的设置功能相似，如图 4-37 所示。

- 大小：用于设置画笔笔触的大小。对于笔触大小根据手绘压力而改变的笔触，则此选项的数值表示笔触的最大尺寸。
- 最小尺寸：用于设置画笔笔触的最小尺寸，数值为最小尺寸相对于最大尺寸的百分比；数值越大，使用手绘笔绘画时的笔触粗细变化越细微。数值为 100% 时，无粗细变化，效果与使用鼠标绘画的笔触相同。
- 大小间隔：用于设置笔触中心到笔触外缘之间粗细变化的速度。数值越大，笔触粗细不连续的效果越明显。

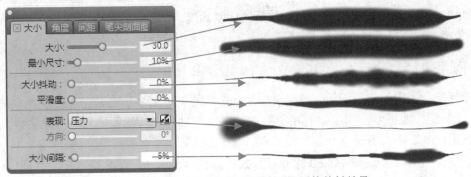

图 4-37　"大小"面板与应用选项设置的笔触效果

4.2.7　角度

"角度"面板中的选项用于对画笔笔尖压扁程度和角度进行设置，只对部分画笔可用，如图 4-38 所示。

- 压扁：设置对画笔笔尖的压扁程度，使笔尖在圆形和椭圆之间变化。数值越小，笔尖越扁，如图 4-39 所示。

图 4-38　"角度"面板

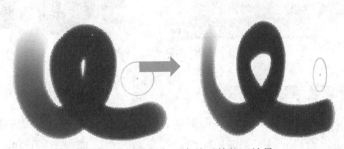

图 4-39　设置笔尖压扁前后的绘画效果

- 角度：用于设置将画笔笔尖压扁后，笔触在纸张上绘画时的倾斜角度。
- 角度抖动：用于设置绘画笔触的角度抖动程度。在将笔尖压扁成椭圆形状时再绘画，才能查看到抖动效果，如图 4-40 所示。
- 平滑度：用于设置笔触中角度抖动变化的平滑程度。数值越大，绘画的笔触越平滑，如图 4-41 所示。

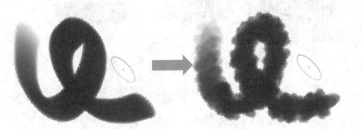

图 4-40　角度抖动的笔触效果

图 4-41　设置抖动平滑度

- 角度范围：用于设置画笔笔触的角度在抖动时的变化范围。"角度抖动"数值为 0 时无效果；将此选项数值设置为 0 时，绘画的笔触也不会产生抖动效果。

- 角度间隔：用于设置笔触在抖动前后的间隔角度，即下一笔触相对于上一笔触的倾斜
角度。数值越大，间隔越长。

4.2.8 间距

对于画笔绘画出的笔迹图像，可以看作是一连串的单个笔尖绘点紧密连接并重叠在一起
形成的。"间距"面板中的选项就是用于对这些单位笔触之间的间距进行调节设置，只对部
分画笔可用，如图 4-42 所示。

- 间距：用于设置笔尖绘点之间的距离，其数值表示前后两个笔尖绘点中心之间的距离，
相对于笔尖大小尺寸的比例。数值越大，绘制的笔触中笔尖绘点之间的距离越大，如
图 4-43 所示。
- 最小间距：以像素为单位，设置笔触中笔尖绘点中心之间的距离。即使"间距"选项
的数值很小，也将以此选项中所设置的数值确定笔尖绘点中心之间的最小距离。数值
越大，笔触越不连续。

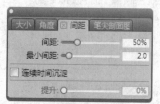

图 4-42　"间距"面板

图 4-43　不同间距比例的笔触效果

4.2.9 笔尖剖面图

在"笔尖剖面图"面板中，以高亮蓝色显示了当前画笔变量的初始笔尖剖面形状。通过
选择需要的笔尖剖面缩略图进行更改，可以使当前所选的画笔变量以新的笔尖形状绘图，主
要表现在绘画的笔触在开端与末尾的形状变化，如图 4-44 所示。

图 4-44　"笔尖剖面图"面板与不同形状笔尖的绘画效果

4.2.10 仿真鬃毛

在"仿真鬃毛"面板中勾选"启用仿真鬃毛"复选框后，可以对部分鬃毛类型的画笔进
行更细致的鬃毛属性设置，以模拟更逼真的鬃毛画笔绘画效果，包括设置所模拟鬃毛笔头的
圆滑度、笔头的鬃毛长度、鬃毛硬度、使用手绘笔绘画时受力散开的程度、在纸张表面涂绘
时的摩擦系数等，如图 4-45 所示。

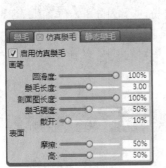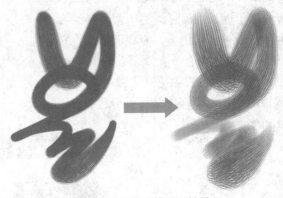

图 4-45　"仿真鬃毛"面板与启用仿真鬃毛前后的绘画效果

4.2.11　喷笔

"喷笔"面板中的选项用于对使用喷笔进行涂绘时的各项画笔参数进行设置，如图 4-46 所示。

- 微粒大小：以像素为单位，设置喷涂微粒的直径大小，如图 4-47 所示。
- 最小微粒大小：用于设置喷涂微粒的最小尺寸，相对于"微粒大小"选项数值的百分比大小。数值越大，则喷涂的微粒尺寸大小越均匀。
- 微粒大小抖动：用于设置喷涂微粒大小变化的随机程度。数值越大，喷涂微粒的大小随机性越大，微粒尺寸也越不均匀，如图 4-48 所示。
- 扩散：用于调节喷涂时微粒的扩散程度。数值越大，扩散范围越大。
- 流量：用于设置单位时间（即程序对鼠标或手绘笔绘画操作的相应时间）内喷涂微粒的数量。
- 最小流量：用于设置单位时间内喷涂微粒的最低数量，在使用手绘笔以较轻压力绘画时可以查看到此设置应用效果，使用鼠标绘画时不能表现最小流量变化。
- 流量抖动：用于设置单位时间内喷涂微粒数量的抖动变化。

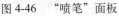

图 4-46　"喷笔"面板　　　图 4-47　不同微粒大小的笔触效果　　　图 4-48　设置微粒大小抖动

4.2.12　艺术家油画

"艺术家油画"面板中的选项用于对使用艺术家画笔变量时的笔触绘画效果进行详细的设置，如图 4-49 所示。

- 量：用于设置绘画时画笔所含颜料的多少，以决定笔触中渐变效果开始的位置。数值越大，颜料含量越多，笔触可以拖绘的颜料笔迹越长，渐变的开始位置越靠后。数值为 100% 时，没有渐变效果；数值为 0 时，不能绘画出色彩，如图 4-50 所示。
- 粘滞度：用于设置画笔在纸张上涂绘时的粘滞程度。数值越大，绘画笔触的笔迹越短；数值越小，末端拖尾渐变部分也越长。

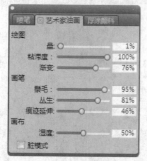

图 4-49　"艺术家油画"面板

图 4-50　"量"为 75%、15% 和 100% 时的笔触绘画效果

- 渐变：用于设置笔触与笔触之间颜色的调和混合程度。数值越大，在原有笔触上用新的颜色绘画时，颜色之间的混合效果越明显。数值越小，则混合效果越少，如图 4-51 所示。
- 鬃毛：用于设置画笔笔头鬃毛的含量，将影响笔触开端和末端的鬃毛笔迹效果。数值越大，笔触头尾的鬃毛笔迹越明显，颜料渐变效果也越长，如图 4-52 所示。

图 4-51　"调和"为 90 和 10 时的笔触绘画效果

图 4-52　"鬃毛"数值高低应用效果

- 丛生：用于调节笔头鬃毛不规则结块成缕的程度。数值越大，笔头鬃毛结块越多，绘画的笔触中鬃毛痕迹就越模糊。
- 痕迹延伸：用于设置笔触末端渐变拖尾部分的色彩浓淡程度。数值越大，则尾部色彩渐变部分越长；数值为 0 时，则末端只有拖尾变化，没有色彩浓度的渐变效果，如图 4-53 所示。
- 湿度：用于调节画笔在纸张上绘画时的湿润程度。数值越大，笔触越湿润。

图 4-53　笔触拖尾的色彩痕迹延伸变化

4.2.13　厚涂颜料

　　"厚涂颜料"面板中的选项用于对画笔的厚涂效果进行详细的设置，厚涂类画笔和部分鬃毛画笔可用，如图 4-54 所示。

- 绘画到：在该下拉列表中可以选择厚涂画笔所绘画笔触的表现方式，包括默认的"颜色和深度""颜色"和"深度"，包含深度的笔触可以模拟出在纸张上油墨的厚重立体效果，在当期图层以外的其他图层也能显现，如图 4-55 所示。
- 深度方式：在该下拉列表中选择厚涂笔触的深度表现方式。
- 深度：用于调节厚涂笔触深度的程度，数值越大，笔触深度越明显，对比越强烈。
- 深度抖动：用于调节厚涂笔触深度在笔触中的抖动变化程度。

图 4-54　"厚涂颜料"面板

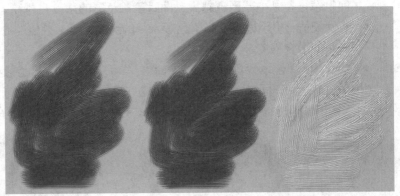

图 4-55　"颜色和深度""颜色"和"深度"表现方式

4.2.14　水彩

　　"水彩"面板中的选项用于对使用水彩画笔变量时的笔触绘画效果进行详细的设置，如图 4-56 所示。

- 湿度：用于调节水彩画笔的湿润程度。数值为 0 时，笔触无水彩晕染效果。增加数值，则画笔湿度增加，绘画笔触湿润范围越大，同时画笔颜料也被稀释更多，色彩浓度也减淡，如图 4-57 所示。

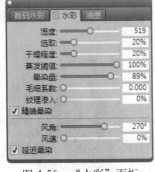

图 4-56　"水彩"面板

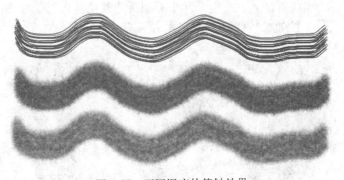

图 4-57　不同湿度的笔触效果

- 选取：用于设置在原有水彩笔触上绘制新的笔触时，水彩颜色之间的融合程度。数值越大，笔触的色彩之间、笔触与纸张之间的晕染融合程度越大，如图 4-58 所示。

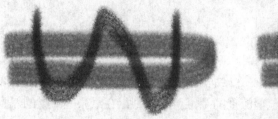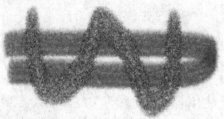

图 4-58 水彩笔触之间不同程度的融合效果

- 干燥程度：用于设置应用画笔涂绘时纸张的干燥程度。数值越大，纸张越干燥，笔触中的水分被吸收得越快，水彩晕染效果越少；数值越小，纸张越湿润，笔触晕染的时间也越慢，晕染范围也越大，同时笔触色彩的浓度也越淡，如图 4-59 所示。
- 蒸发阈值：用于设置纸张上色彩水分的蒸发速度，数值越小，蒸发速度越慢，色彩与纸张的融合程度越大。
- 晕染量：用于设置色彩纸张上的晕染程度。数值越大，笔触在纸张上的晕染程度和范围也就越大。同时，此选项还可以动态设置笔触的晕染效果，在绘制的水彩笔触还未完全干燥前调整该数值，可以改变该笔触的晕染程度，如图 4-60 所示。

图 4-59 不同干燥程度的笔触效果 　　　　图 4-60 不同晕染量的笔触效果

- 毛细系数：用于设置水彩画笔笔头鬃毛的粗细系数。数值越小，鬃毛越细密，涂绘的笔触晕染效果越细腻；数值越大，则鬃毛越粗糙，笔触晕染效果也越粗糙，如图 4-61 所示。
- 纹理渗入：用于设置水彩颜料的颗粒渗入纸张纹理的程度。数值越大，渗入纸张的颗粒效果越明显，如图 4-62 所示。

图 4-61 不同毛细系数的笔触效果 　　　　图 4-62 不同纹理渗入程度的笔触效果

- 精确晕染：勾选该复选框，可以使水彩笔触的水分在纸纹上的流动更精确，晕染效果更细腻。

- 风角：用于设置纸张上水彩笔触被风吹干时的风向角度，以决定水分的流动方向，影响水彩的晕染效果。在下面的"风速"选项数值为 0 时，水分在纸张上向四周自然扩散。
- 风速：用于设置纸张上的水彩笔触被风吹干时的风力大小。数值越大，水分流动距离越大，水分被风干的速度也越快；数值过大时，不能产生绘画效果，如图 4-63 所示。
- 延迟晕染：勾选该复选框，则笔触在绘画完以后才开始水分的流动晕染；取消勾选，则在笔触绘画过程中就开始晕染。

图 4-63 不同风角和风速参数时的笔触晕染效果

4.2.15 油墨

"油墨"面板中的选项用于对使用油墨画笔变量时的笔触效果进行设置，如图 4-64 所示。

- 墨水类型：在该下拉列表中可以选择油墨画笔变量的绘画方式，得到不同的笔触效果及与其他油墨笔触的混合效果，如图 4-65 所示。

图 4-64 "油墨"面板

图 4-65 不同墨水类型的笔触应用效果

- 平滑度：用于设置绘画笔触的平滑程度。数值越高，画出的油墨笔触越平滑；数值越低，笔触越粗糙，如图 4-66 所示。
- 容量：用于设置画笔笔头中油墨的含量。数值越高，笔头中油墨越饱和，画出的笔触越粗；数值为 0 或低于一些画笔变量可以绘画的最低容量值时，不能绘画出颜色笔触，如图 4-67 所示。

图 4-66 不同平滑度的笔触效果

图 4-67 不同油墨容量的笔触效果

- 最小容量：用于设置画笔笔头中油墨含量的最低值，相当于油墨最饱和时的百分比。数值越大，笔触的粗细变化越细微。
- 随机容量：用于设置画笔笔头中油墨含量的随机程度。数值越大，笔触粗细变化的范围也越大。
- 随机大小：用于设置画笔笔头中油墨墨滴的大小随机变化程度。数值越大，墨滴的变化范围越大。
- 鬃毛片段：用于设置画笔笔头的鬃毛疏密程度。数值越小，鬃毛越稀疏；数值越大，鬃毛越浓密，如图 4-68 所示。

图 4-68　不同鬃毛疏密程度的笔触效果

4.2.16　笔触抖动

通过"笔触抖动"面板可以为任何一种画笔变量设置绘画时的笔触抖动程度。通过设置需要的表现方式，还可以对笔触抖动的变化效果进行调节，如图 4-69 所示。

图 4-69　"笔触抖动"面板与设置应用效果

4.2.17　溢出

"溢出"面板中的选项用于对画笔笔头中所含颜料的多少进行调整，包括调整笔头中颜料的饱和程度、在图层中原有笔触上绘画时的颜色混合程度、笔头中颜料的风干程度等，如图 4-70 所示。

图 4-70　设置不同参数进行涂绘的笔触效果

4.2.18　鼠标

使用鼠标绘画时，不能表现笔触压力的变化效果。默认情况下，使用鼠标进行的绘画，都是相当于手绘笔用 100%的压力进行绘画。在"鼠标"面板中，可以对使用鼠标时应用的压力、笔头倾斜度、笔尖旋转度属性进行设置，以最大化地用鼠标模拟手绘笔的绘画效果，如图 4-71 所示。

4.2.19　平滑

默认情况下，绘画出的笔触都是跟随鼠标或手绘笔的轨迹而即时呈现，笔触笔迹被默认进行了一定程度的平滑优化。在"平滑"面板中降低"平滑插值"选项的数值，可以使绘画的笔迹更接近手绘的笔迹。增加"平滑插值"选项的数值，可以增强对绘画笔迹的平滑度优化，得到更平滑流畅的笔迹，如图 4-72 所示。另外调整"立体插补值"的数值，可以对笔触感应手绘笔压力的敏感度进行调节。

 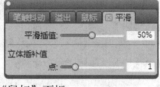 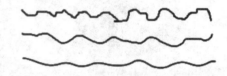

图 4-71　"鼠标"面板　　　　　图 4-72　"平滑"面板和不同平滑插值的绘
画笔触效果

4.2.20　颜色变化

在"颜色变化"面板中选择需要的颜色变化类型并设置对应的选项参数，可以使部分画笔变量绘画的笔触发生对应的颜色变化。另外，不同类型的画笔变量应用颜色变化时的表现效果也有差别。此功能在模拟用画笔先后蘸取多个色彩的颜料进行绘画时非常实用。

- 在 HSV 中：在"颜色变化"类型下拉列表中选择该选项，可以通过对当前主颜色进行色相（H）、饱和度（S）、颜色值（V）的调整，使笔触绘画出带有对应色彩变化的图像，如图 4-73 所示。

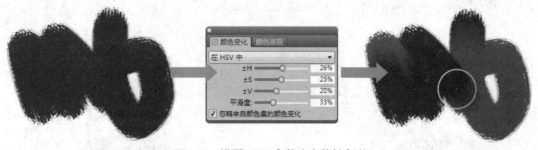

图 4-73　设置 HSV 参数改变笔触色彩

- 在 RGB 中：通过对当前主颜色进行 R、G、B 颜色参数的调整，使笔触绘画出带有对应色彩变化的图像，如图 4-74 所示。

图 4-74　设置 RGB 参数改变笔触色彩

● 渐变：以当前"颜色"面板中的主颜色和副颜色作为渐变色，应用到画笔绘画的笔触中，如图 4-75 所示。

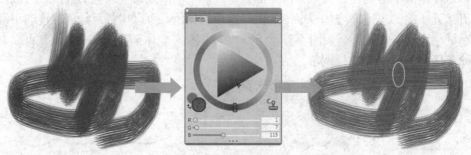

图 4-75　为笔触应用从主颜色到副颜色的渐变色

● 颜色集：将"颜色集材质库"面板中当前显示的所有颜色应用到画笔绘画的笔触中，如图 4-76 所示。

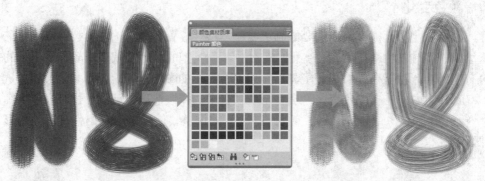

图 4-76　为笔触应用从颜色集面板中的色彩

4.2.21　颜色表现

在"颜色表现"面板中可以通过调节"颜色抖动"选项的数值，改变画笔笔触的色彩。通过调节"平滑度"选项的数值，可以改变笔触中渐变色的平滑程度，如图 4-77 所示。

图 4-77　为画笔笔触应用颜色抖动效果

选择需要的画笔变量后，按下工具属性栏末尾的"高级画笔控制项"按钮，程序会将当前画笔变量的笔触设置相关的控制选项面板集成在一个独立的面板集中显示出来。选择其他的画笔变量时，该面板集也将自动切换显示新选择画笔变量相关的控制选项面板，方便用户快速对画笔的笔触效果进行设置，如图 4-78 所示。

图 4-78　高级画笔控制项面板集

4.3　课后习题

选择题

1. 在（　　）绘画方式下，使用画笔工具依次在画布的两个位置进行绘画，可以在它们之间生成直线笔触。

　　A. 徒手绘笔触　　　B. 直线笔触　　　　C. 对齐路径　　　　D. 透射辅助线笔触

2. 在工具属性栏中调整（　　）选项的数值再进行绘画，可以得到如图 4-79 所示的笔触效果。

　　A. 不透明度　　　B. 颜色浓度　　　　C. 颜色混合　　　　D. 笔触抖动

图 4-79　调整选项前后的笔触效果

3. 通过调整（　　　　）画笔控制面板中的选项数值，可以使绘画的笔触变成如图 4-80 所示的虚线效果。

A. 不透明度　　　　B. 笔触抖动　　　　C. 间距　　　　　D. 颜色变化

图 4-80　调整选项前后的笔触效果

第 5 章　颜色设置与填充媒体

 学习要点

➢ 熟练掌握使用"颜色""混色器"面板进行调色和色彩设置的方法
➢ 掌握应用图案、渐变和织物媒体进行图像填充，以及对各种媒体内容的编辑设置方法

使用 Painter 进行数码绘画的优势，除了可以应用种类丰富的画笔变量来模拟各种逼真的绘画笔触外，还可以应用多种类型的图案媒体进行图像的绘制与填充，配合画笔工具和选区功能的应用，快速地完成多种类型的绘画编辑。

5.1　颜色设置

使用 Painter 进行数码绘画时，所选择的画笔变量类型决定了绘画笔触所模拟的颜料特征。如选择油画画笔，则绘画出的笔触图像即呈现油画颜料的色泽效果，用户只需要设置好颜色即可。Painter 提供了多种颜色的选择设置方式，方便用户根据绘画需要和操作习惯选用。

5.1.1　颜色面板

通过"颜色"面板选择绘图色彩是最常用最方便的方式。在颜色环上通过拖动矩形滑块或直接单击选择色相后，在中间的三角形上选择透明度、饱和度的色彩即可。也可以通过设置下方的 RGB（或 HSV）选项数值来得到需要的颜色，如图 5-1 所示。

单击面板右上角的扩展按钮，在弹出的菜单中可以选择对应的命令，对颜色环、颜色信息、RGB/HSV 颜色方式的显示与隐藏进行切换，如图 5-2 所示。

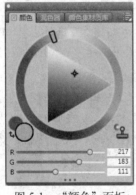

图 5-1　"颜色"面板

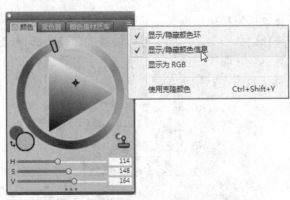

图 5-2　扩展菜单命令

在绘画过程中按住 Alt 键，当前画笔工具将切换为"吸管"工具 ✐，即可在图像窗口中拾取需要的颜色，如图 5-3 所示。释放鼠标后，将切换回之前的画笔工具。

单击主颜色、副颜色左下方的 ⬑ 按钮，可以对主颜色和副颜色进行互换。按下"克隆颜

色"按钮，激活克隆颜色功能，"颜色"面板中的颜色设置将失效。在未定义克隆基准点的情况下，当前画笔变量将应用"媒体选择器"面板中当前所选择的图案进行绘画，如图 5-4 所示。

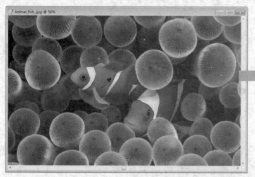

图 5-3　切换为"滴管"工具拾取颜色

图 5-4　克隆颜色

　　激活克隆颜色功能后，在图像窗口中需要开始进行颜色克隆的位置按住 Alt 键并单击鼠标左键，确定克隆基准点的位置，然后在图像窗口的其他位置或其他图像窗口中进行绘画，即可应用当前所选择画笔变量的笔触样式对原始图像进行复制绘画，如图 5-5 所示。

图 5-5　克隆颜色并复制绘画

5.1.2　混色器面板

　　在现实生活中，画家用油画、粉彩、丙烯等颜料进行绘画时，会习惯将多个不同色彩的颜料挤在调色板上，用画笔进行混合调色，得到自己想要的色彩，如图 5-6 所示。Painter 中的"混色器"面板，就是模拟画家手中多种颜料堆积在一起的调色板，可以自由调配出需要的色彩，如图 5-7 所示。

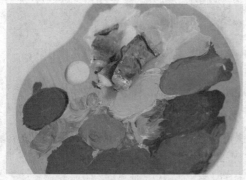

图 5-6　调色板

图 5-7　"混色器"面板

　　默认情况下，"混色器"面板的调色框中显示了各种基本色彩以最简单的方式混合后的色彩，以及黑色与白色逐渐混合的灰度色（背景色为画布颜色），可以使用面板下方提供的工具，进行色彩的混合调色、拾取颜色及其他操作。

- 🖌 （脏画笔模式）：默认为开启状态，可以使画笔在调色时，带有之前调色时拾取的颜色，模拟真实鬃毛画笔调色时沾染颜料的调色效果。此功能可以使调色变化更丰富，但也容易弄脏颜料，降低调色的明度和饱和度，要根据绘画实际需求进行设置。
- 🖌 （画笔）：选择该工具后，可以直接在调色框中进行涂绘调色，涂绘范围中的色彩决定最终混合出的颜色，如图 5-8 所示；也可以用画笔工具在面板上方的基本颜色栏中拾取需要的色彩，然后在调色框中继续进行调色，如图 5-9 所示。如果开启了脏画笔模式，则每次按下鼠标进行涂绘调色时，新的笔触将应用上一次调色结束时的笔触颜色；未开启脏画笔模式时，每次按下鼠标进行涂绘，都将应用在基本颜色栏中拾取的色彩进行调色。

图 5-8　使用画笔工具调色

图 5-9　拾取色彩并调色

- 🔪 （调色刀）：选择该工具，可以模拟使用调色刀在调色板上进行调色。脏画笔模式对其无效，也不能拾取新的颜色添加到调色板中。
- 💉 （吸管）：在调色框中混合出需要的色彩后，并不能直接应用进行绘画，要先使用"吸管"工具将需要的颜色吸取为主颜色才可以应用。也可以将吸取的颜色提供给画笔工具继续调色，即解决了基本颜色栏中可选颜色太少的问题，如图 5-10 所示。
- 💉 （多重吸管）：使用该工具，可以在调色框中吸取混合后的色彩，提供给画笔工具继续调色，但不会更新为主颜色。
- 🔍 （缩放）：放大调色框的显示比例，以方便准确地选择混合的色彩，如图 5-11 所示。
- ✋ （移动）：移动调色框中的显示色彩的位置区域，如图 5-12 所示。

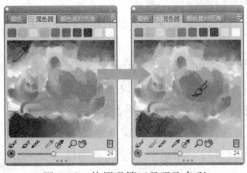
图 5-10　使用吸管工具吸取色彩

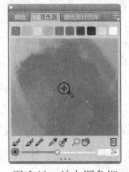
图 5-11　放大调色框

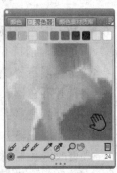
图 5-12　移动调色框

- 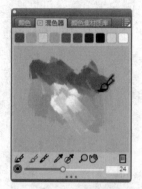 （清除并重设画布）：按下该按钮，可以清除当前调色框中的所有颜色，只显示画布图像，方便用户只选择需要的色彩进行混合调色，如图 5-13 所示。
- 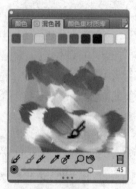 （更改画笔大小）：调整画笔工具或调色刀在进行混合调色时的笔触大小，如图 5-14所示。

单击面板右上角的扩展按钮，在弹出的菜单中可以选择对混色器面板进行编辑操作的命令，如图 5-15 所示。

| 图 5-13 清除色彩重新调色 | 图 5-14 调整笔触大小 | 图 5-15 扩展命令菜单 |

- 添加色票至颜色集：将主颜色加入当前开启的自定义颜色集（需要先新建自定义颜色集）。
- 从混色器新建颜色集：执行该命令，在弹出的对话框中为新建的颜色集命名，然后在下方设置要保存的色票数量并单击"确定"按钮，程序将自动分析调色框中当前的颜色数量。展开"颜色集材质库"面板，即可查看到新创建颜色集中保存的色票列表，如图 5-16 所示。

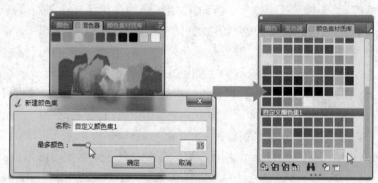

图 5-16 从混色器新建颜色集

- 载入混色器颜色：在弹出的对话框中选择外部混色器色票文件，可以将其中的色票添加到当前打开的自定义颜色集中。
- 保存混色器颜色：可以将当前选择的主颜色保存为混色器色票文件。
- 打开混色器：可以打开外部的混色器剪贴文件，显示该文件中存储的混合调色。
- 保存混色器：可以将调色框中当前的混合调色保存为混色器剪贴文件。
- 清除混色器：清除调色框中的颜色，功能与"清除并重设画布"按钮相同。
- 更改混色器背景：执行该命令，可以在打开的拾色器窗口中选择新的颜色，对调色框的背景色进行替换。

- 恢复…混色板：选择一种混色板类型后，可以将调色框显示的色彩切换或恢复为对应的混色板模式。

5.1.3　颜色集材质库面板

在"颜色集材质库"面板中，以色票的形式列出各种色彩，方便用户直观地查看并选择需要的颜色。在面板下方的功能按钮，与面板扩展命令菜单中的部分命令用途相同，用于对颜色集进行各种对应的编辑设置，如图 5-17 所示。

- 新建颜色集：执行该命令，打开"新建颜色集"对话框，为新建的颜色集命名并单击"确定"按钮，即可创建一个颜色集，可以在其中添加保存用户自定义的颜色色票集合。
- 从图像/图层/选区新建颜色集：执行该命令，在弹出的对话框中为新建的颜色集命名，然后在下方设置要保存的色票数量并单击"确定"按钮，程序将自动分析当前图像/图层/选区中的颜色数量，划分并创建指定数量的色票，保存在新建的颜色集中。
- 颜色集库：在该命令的子菜单中选择对应的命令，可以在"颜色集"面板中显示该类颜色集库，方便用户根据实际需要选择使用，如图 5-18 所示。

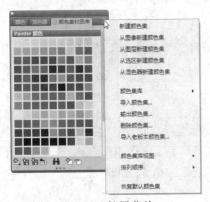

图 5-17　扩展菜单

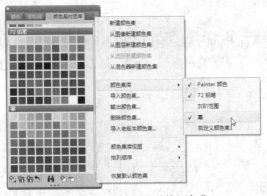

图 5-18　选择要显示的颜色集

- 导入颜色集：执行该命令，在弹出的对话框中选择外部颜色集文件，可以将其导入程序并在"颜色集"面板中显示。
- 输出颜色集：执行该命令，在弹出的对话框中选择要输出的颜色集并确定，可以将其输出为颜色集文件，方便在以后导入使用或分享给其他用户，如图 5-19 所示。
- 删除颜色集：执行该命令，在弹出的对话框中选择要删除的颜色集并确定，可以将其删除；需要注意，删除操作不能撤销，在执行时需要仔细确认。
- 导入老版本颜色集：执行该命令，可以在弹出的对话框中选择以往版本的颜色集文件进行导入。
- 颜色集库视图：在该命令的子菜单中可以选择对应的命令，进行切换面板中色票图标的大小、显示方式、重命名色票颜色、显示隐藏项目等操作。
- 排列顺序：在该命令的子菜单中可以选择对应的命令，对面板中色票列表的排列方式进行切换。
- 恢复默认颜色集：执行该命令，在弹出的对话框中选择要恢复的颜色集并确定，可以将该颜色集恢复为默认状态，撤销所有对该颜色集的修改。

- ● ⛏ （查找颜色）：执行该命令，在弹出的对话框中设置需要的查找方法，可以快速地在色票列表中找到对应的颜色，如图 5-20 所示。

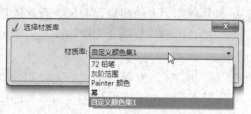

图 5-19　输出颜色集

图 5-20　查找颜色

- ● ⛏ （将颜色添加到颜色集）：将主颜色加入当前开启的自定义颜色集。
- ● ⛏ （从颜色集中删除颜色）：在自定义颜色集中选择一个颜色集后，按下该按钮，可以将其从颜色集中删除。

5.2　图案

在 Painter 中，可以应用多种图案进行绘画和图像填充，并支持将自定义的图像创建为图案，方便在编辑规则、重复的图像时提高工作效率。

5.2.1　应用图案进行填充

使用图案画笔、克隆画笔工具时，可以应用图案进行绘画。此外，还可以应用图案进行图层、选区的填充，得到重复的图案背景或无缝贴图区域。例如，在工具箱中选择"矩形选区"工具 🔲，然后在图像窗口中绘制一个选区，执行"编辑→填充"命令或按"Ctrl+F"键，打开"填充"对话框，在"填充方式"下拉列表中选择"图案"，然后单击右边的图案预览框，在弹出的图案列表中选择要应用的图案，即可在选区中预览图案的填充修改；在对话框中设置好不透明度后，按下"确定"按钮即可应用填充，如图 5-21 所示。

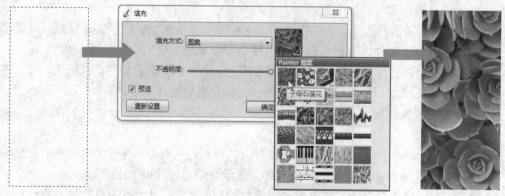

图 5-21　应用图案填充

5.2.2　图案材质库面板

执行"窗口→媒体材质库面板→图案"命令，打开"图案材质库"面板。在图案列表中，可以查看程序自带的图案。通过面板下方的功能按钮，以及在面板的扩展菜单中选择需要的命令，可以执行切换图案图标显示大小、新建自定义图案材质库、导入与输出材质库文件、删除材质库、恢复默认图案材质库、重命名材质库等管理操作，如图 5-22 所示。

5.2.3　图案控制面板设置

在"图案材质库"面板的扩展菜单中选择"图案控制面板"或执行"窗口→媒体控制面板→图案"命令（快捷键 Ctrl+8），打开"图案"面板，可以对每个图案在应用时的偏移方式、缩放比例进行设置，如图 5-23 所示。

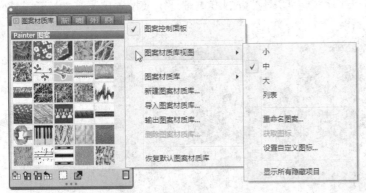

图 5-22　"图案材质库"面板　　　　　　图 5-23　"图案"面板

在"图案"面板中按下右上方的预览图标，可以在弹出的列表面板中选择要查看的图案；预览图标下面的三个按钮，用于切换图案排列的方向类型，包括"矩形图案类型" ⊞ （在应用填充时，同时在水平和垂直方向上铺展，行列之间无图案偏移效果）、"水平图案类型" ⊞ （在水平方向逐行排铺图案）、"垂直图案类型" ⊞ （在垂直方向上逐列排铺图案）。选择需要的排列类型后，对下面"图案偏移" ⊞ 选项的数值进行设置，可以调整在对应方向上进行重复排列时，单位图像相对于初始位置的偏移比例。修改下面的"图案比例" ⊞ 选项的数值，可以调整图案在绘画和填充应用时的大小比例，应用效果如图 5-24 所示。

图 5-24　调整图案偏移和缩放比例

5.2.4　自定义图案的编辑

Painter 自带的图案数量有限，除了可以通过导入外部图案材质库文件来进行补充外，还可以将绘画的笔触图像或其他位图图像创建为自定义的图案，保存到"图案材质库"面板中以备使用。

 上机练习 05 创建自定义图案

1 执行"文件→打开"命令或按"Ctrl+O"键，打开本书素材库中的"Reader\Chapter 5\上机练习 05\康乃馨.jpg"文件；在工具箱中选择"矩形选区"工具，在图像窗口中按住 Shift 键的同时并拖动鼠标，绘制一个圈住花朵的矩形选区，确定要定义为图案的范围，如图 5-25 所示。

2 打开"图案"面板，在其扩展菜单中选择"获取图案"命令，在弹出的对话框中为新建的图案命名，然后可以在下方选择需要的图案排列方式进行铺展设置预览；如选择"水平偏移"，并在下方设置合适的偏移百分比，如图 5-26 所示。

图 5-25 绘制选区

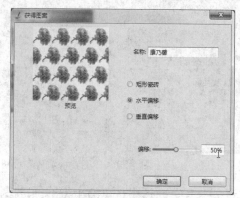

图 5-26 获取图案

3 单击"确定"按钮后，即可在"图案材质库"中查看到新创建的图案。选择该图案的图标，在"图案"面板中即显示该图案的应用预览效果，如图 5-27 所示。

4 在"图案"面板中设置好应用比例大小后，在面板的扩展面板中选择"查看图案"命令，可以在打开的图像窗口中，查看该图案在当前所设置大小比例状态下的实际尺寸，如图 5-28 所示。

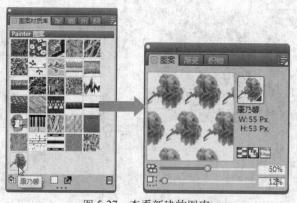

图 5-27 查看新建的图案

图 5-28 查看设置比例的实际大小

5 使用"定义图案"命令，可以将整个图像创建为新的图案。在工具箱中选择"裁切"工具，然后在图像窗口中的花朵图像上按住鼠标左键并拖动，调整裁切框的大小到只截取花瓣部分，然后在裁切框中双击鼠标左键执行裁切，如图 5-29 所示。

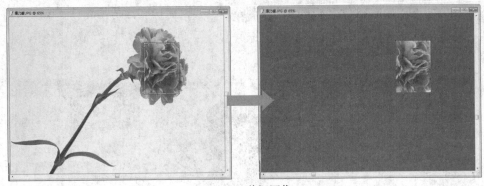

图 5-29　裁切图像

6　在"图案"面板的扩展菜单中选择"定义图案"命令,将当前图像窗口中的图像定义为图案,然后再打开"图案"面板的扩展菜单并选择"将图像添加到材质库"命令,在弹出的对话框中为新建的图案命名并单击"确定"按钮,即可在"图案材质库"中查看到新建的图案,如图 5-30 所示。

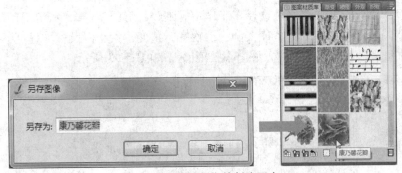

图 5-30　定义图像并创建图案

5.2.5　修改图案的预览图标

在"图案材质库"面板中,默认情况下,图案的图标就是图案的缩略图。Painter 支持为图案另外指定其他的图像作为预览图标,以方便不同用户的个人使用习惯。在需要更换图标的图案上单击鼠标右键并选择"设置自定义图标"命令,在弹出的对话框中选择一个图像文件并单击"打开"按钮,即可将其应用为所选图案的预览图标,如图 5-31 所示。修改图标不会影响原来的图案,在应用时仍然以修改图标前的图案进行绘画或填充。

图 5-31　修改图案的预览图标

在打开的图像文件中绘制一个选区，然后在"图案材质库"面板中的一个图案上单击鼠标右键，在弹出的命令菜单中选择"获取图标"命令，也可以将选区中的图像应用为该图案的预览图标，如图 5-32 所示。

图 5-32　获取选区图像为图标

5.2.6　制作不规则碎片形图案

在"图案"面板的扩展菜单中选择"制作不规则碎片形图案"命令，在打开的对话框中选择噪波类型，通过调整强度、特征大小、柔软度、角度、大小以及稀薄程度参数值，对基础噪波图像进行调整设置，得到需要的不规则图案，如图 5-33 所示。

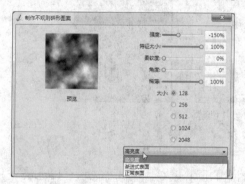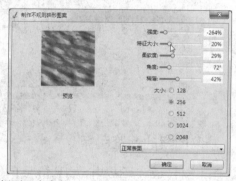

图 5-33　设置不规则图案参数

单击"确定"按钮，即可在新建的对应大小的图像窗口中查看设置好的图像。在"图案"面板的扩展菜单中选择"将图像添加到材质库"命令，在弹出的对话框中为其命名，即可将其添加为新的图案，如图 5-34 所示。

图 5-34　将创建的不规则图案添加为图案

5.3 渐变

渐变效果主要在填充背景、表现光泽和色彩变化时应用。渐变效果不能使用画笔进行绘画，只能通过"编辑→填充"命令应用于图层和选区。和图案媒体相似，"渐变材质库"面板用于选择和管理渐变样式，包括新建、导入、输出、删除材质库以及恢复材质库默认内容等管理操作，如图 5-35 所示。"渐变"面板则用于为选择的渐变样式设置应用效果、编辑渐变色彩组成、新建渐变样式、修改渐变样式的图标、重命名样式名称等编辑操作，如图 5-36 所示。

图 5-35 "渐变材质库"面板

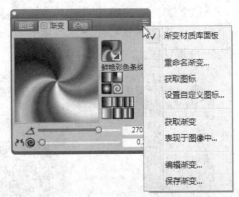

图 5-36 "渐变"面板

在"渐变"面板中选择一个渐变样式后，在预览框右边可以设置渐变效果的类型（上面 4 个按钮）、方向和层级（下面 6 个按钮），如图 5-37 所示。调整"设置斜面角度"、"测量斜面螺旋率"（选择"螺旋渐变"类型时，此选项可用；另外，按下面板左下角的按钮，可以对螺旋的方向进行反转）选项的数值，可以进一步设置渐变的样式效果，如图 5-38 所示。

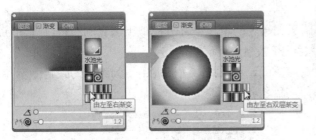

图 5-37 设置渐变类型和方向

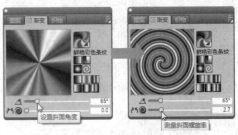

图 5-38 设置渐变角度与螺旋律

在"渐变"面板中选择一个渐变样式后，在其扩展菜单中选择"编辑渐变"命令，打开"编辑渐变"对话框。选择渐变编辑条上方的方块后，可以在下面的选项中对该区间的颜色渐变方式进行修改调整。选择渐变编辑条下方的节点色块后，可以在下面的选项中为其指定新的颜色和位置，也可以直接拖动渐变编辑条下面色块的位置，对渐变色的位置进行调整。在渐变编辑条中间单击鼠标左键，可以在该位置添加一个节点色块，通过指定颜色和调整位置，进一步丰富渐变的色彩变化，如图 5-39 所示。对于不需要的色块，可以在选择后按下"删除节点"按钮或直接按 Delete 键对其进行删除。

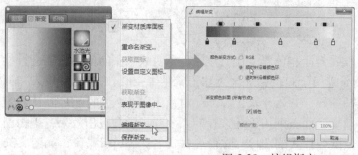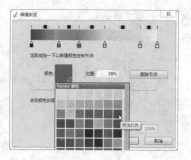

图 5-39　编辑渐变

　　与获取图案相似，用选区工具选择需要添加为渐变的图像，然后在"渐变"面板的扩展菜单中选择"获取渐变"命令，在弹出的对话框中为新建的渐变样式命名并确定，即可将其添加为新的渐变样式，如图 5-40 所示。

图 5-40　获取图像并新建渐变样式

5.4　织物

　　织物媒体与渐变媒体一样，只能用于图层和选区的填充，可以模拟出逼真的布料纹理图案。"织物材质库"面板用于选择和管理织物图案，包括新建、导入、输出、删除材质库以及恢复材质库默认内容等管理操作，如图 5-41 所示。"织物"面板则用于为选择的织物图案设置应用效果、编辑织物纹理、修改图标、重命名名称等编辑操作，如图 5-42 所示。

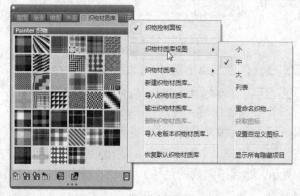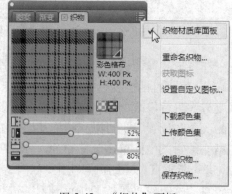

图 5-41　"织物材质库"面板　　　　　　图 5-42　"织物"面板

5.5　课后习题

选择题

1. 在"混色器"面板中按下（　　）按钮，可以使画笔在调色时，带有之前调色时拾取的颜色，模拟真实鬃毛画笔调色时沾染颜料的调色效果。

　　A. 脏画笔模式 🖌　B. 画笔 🖌　　　　C. 调色刀 🖌　　　D. 多重吸管 🖌

2. 以下描述不正确的是（　　）。

　　A. 在"颜色集材质库"面板的扩展菜单中选择"恢复默认颜色集"命令，可以将指定颜色集的色票列表恢复为默认状态，撤销所有对该颜色集的修改

　　B. 在"混色器材质库"面板中按下"清除并重设画布"按钮，可以清除当前调色框中的所有颜色，只显示白色的空白背景

　　C. 在"图案材质库"面板中的一个图案上单击鼠标右键并选择"隐藏图案"，可以取消该图案样式在列表中的显示

　　D. 在"渐变"面板中，选择渐变类型为"螺旋渐变" 🌀 时，修改面板下方"测量斜面螺旋率" 🌀 选项的数值，可以调整渐变效果中每圈渐变之间的距离

第 6 章　图层的应用与管理

学习要点

➢ 了解 Painter 中各种图层类型的特点，熟练掌握对图层的各种基本操作
➢ 了解图层蒙版的用途，并掌握图层蒙版的编辑应用方法
➢ 熟悉图层的合成方式、合成深度、不透明度设置的应用效果和设置方法
➢ 熟悉各种动态外挂插件特效的应用效果和设置方法

6.1　认识 Painter 中的图层

　　图层就好比透明胶片，在图层上进行绘画，就如同将图像中的不同元素分别绘制在不同的透明胶片上，将所有的透明胶片按一定的上下顺序进行叠加后，就形成一幅完整的图像了。调整图层的上下顺序或移动其中一个图层的位置后，就能产生不同的图像效果，为编辑复杂的绘画作品提供了极大的便利。

　　Painter 中图像文件的图层分为 8 种类型，每种图层都有其对应的特性，用于不同的图像绘画与编辑操作。在"图层"面板中，每个图层的最右边都有一个标示该图层类型的图标，以方便用户准确区分图层的类型，如图 6-1 所示。

图 6-1　"图层"面板中各种类型的图层

- 画布层：画布层是最基本的图层，固定位于最底层；每个图像文件有且只有一个画布图层，可以应用大部分画笔直接进行绘画操作。
- 图像图层：图像图层是默认新建图层的类型，也是最常用的图层，其属性与画布层基本相同。不同的是画布图层不能被删除或单独与其他图层合并，图像图层可以自由创建若干个，可以根据需要进行层次顺序的调整、删除、与其他图层合并等操作。
- 水彩图层：水彩图层可以很好地模拟水彩颜料在水彩画纸上的晕染融合效果。在水彩图层上只能使用水彩画笔进行绘画，因为其特别的图层特性，会有一些专门应用于水彩图层上的编辑命令。

- 油墨图层：与水彩图层相似,油墨图层也是专门为使用油墨画笔进行绘画的特殊图层,可以很好地模拟表现油墨颜料的流动与混合效果。
- 文字图层：在工具箱中选择"文字"工具**T**后, 在图像窗口中单击鼠标左键, 即可在创建文字输入框的同时, 在"图层"面板中创建对应的文字图层。在文字图层上不能使用其他绘图工具进行绘画。
- 矢量图层：与文字图层相似, 选择矢量图像工具和钢笔工具进行绘画时, 将自动创建对应的矢量图层。
- 参考图层：将图像图层转换为参考图层后, 将自动切换为"图层调整"工具 , 图层中的图像自动进入自由变换状态,可以在不改变图像像素质量的情况下对其进行变换操作。
- 动态外挂图层：应用动态外挂插件特性生成的图层。在 Painter 中, 为单个图层应用特效, 只能影响该图层。通过创建动态外挂图层, 可以同时对位于其图像范围下的所有图层应用添加在该图层上的特效, 可以快速完成对多个图层的统一特效设置,大大提高工作效率。

6.2　图层的基本操作

对图层的编辑操作, 大部分都可以在"图层"面板中进行。熟练掌握"图层"面板中各项功能的使用方法, 可以帮助提高工作效率。

6.2.1　新建图层

在图像文件中新建图层的方法有如下几种:

方法 1　单击菜单栏的"图层"命令, 在弹出的菜单中选择"新建图层"命令, 或直接按 "Ctrl+Shift+N"键, 可以新建一个普通图像图层。选择"新建水彩图层"、"新建油墨图层"命令, 则可以新建对应类型的图层。

方法 2　直接单击"图层"面板下方的"新的图层"按钮 , 可以新建一个图像图层。按住该按钮, 可以在弹出的命令菜单中选择对应的命令, 新建水彩图层或油墨图层, 如图 6-2 所示。

方法 3　在单击"图层"面板右上角的 按钮弹出的扩展菜单中选择对应的命令, 新建需要的图层, 如图 6-3 所示。

图 6-2　新建图层

图 6-3　选择新建图层的命令

方法 4 选择文字工具、矢量图像工具、水彩画笔工具在非对应类型的图层上进行编辑绘画操作，可以在"图层"面板图层列表的最上层自动创建对应类型的图层。

6.2.2 重命名图层

默认情况下，新建的图层以图层类型加序号的方式自动命名。根据图层的内容或者编辑需要、操作习惯，对图层进行重命名，可以在"图层"面板中图层的数量过多时，快速准确地找到需要的目标图层。

方法 1 在图层名称上双击鼠标左键，在图层名称进入编辑状态后输入新的名称即可。

方法 2 在图层上单击鼠标右键并选择"图层特性"命令，在弹出对话框的"名称"文本框中输入新的名称并单击"确定"按钮，即可为其应用新的名称，如图 6-4 所示。

图 6-4 重命名图层

6.2.3 复制图层

通过复制图层的操作，可以在图像文件中快速得到相同图像内容的多个图层。选择需要复制的图层后，可以在"图层"命令菜单、单击鼠标右键弹出的命令菜单，以及"图层"面板的扩展菜单中选择"复制图层"命令，即可在所选图层的上方复制出一个相同的图层，如图 6-5 所示。

图 6-5 复制图层

6.2.4 选择图层

使用鼠标直接单击需要的图层，即可选择该图层，然后进行图层编辑操作。在需要选择多个图层时，可以通过以下 3 种方法来完成。

方法 1 选择一个非画布层的图层后，按住"Shift"键并单击另一个图层，则位于这两个图层之间的所有图层都将被选择，如图 6-6 所示（画布图层不能与其他图层一起同时被选择）。

方法 2 按住"Ctrl"键的同时单击需要选择的图层，可选择不连续排列的多个图层，如图 6-7 所示。

图 6-6 选择连续的多个图层

图 6-7 选择不连续的多个图层

方法 3 在"图层"命令菜单、"图层"面板的扩展菜单中单击"选择所有图层"命令，或者按"Ctrl+Shift+1"键，可以选择"图层"面板中除画布层以外的所有图层，如图 6-8 所示。在扩展菜单中单击"取消选择图层"命令，则可以取消对当前所选图层的选择，同时选择画布图层，如图 6-9 所示。

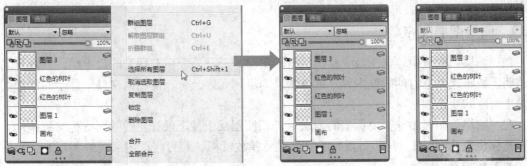

图 6-8 选择所有图层　　　　　　　　图 6-9 取消选择图层

6.2.5 删除图层

在"图层"面板中选择需要删除的图层，单击面板下方的"删除图层"按钮，或者在"图层"命令菜单、图层上单击鼠标右键弹出的命令菜单，以及"图层"面板的扩展菜单中选择"删除图层"命令，即可将选择的图层删除，如图 6-10 所示。

图 6-10 删除图层

6.2.6 锁定图层

选择图层或图层群组后，按下"图层"面板下方的"锁定图层"按钮 🔒，对图层或图层群组进行锁定后，便不能使用画笔工具在该图层或群组中的图层上进行绘画操作，图层中的图像内容不能被移动或删除，也不能为其应用效果命令进行编辑，如图6-11所示。

被锁定图层的名称后面将显示一个 🔒 图标，单击该按钮或者在选择被锁定的图层后按下"锁定图层"按钮 🔒，可以解除对该图层的锁定状态，如图6-12所示。

图6-11 锁定图层　　　　　　　　　图6-12 解除图层锁定

6.2.7 调整图层顺序

在"图层"面板中，位于最上层图层中的图像，总是处于所有图像的最上层，该图层的不透明区域将遮盖下方的图像内容。调整图层的排列顺序，可以使图像窗口中显示的图像层次发生对应的变化。

在"图层"面板中选择要调整的图层后，在该图层上按下鼠标左键并向目标位置拖动，此时光标将变为状态。拖动到新的图层位置后释放鼠标，即可将该图层调整到新的图层位置，如图6-13所示。

图6-13 调整图层位置

执行"图层"菜单中的"移至最下/上层"命令，可以将"图层"面板中当前选择的图层或群组图层移至最下或最上层。执行"向下/上移一层"命令，则可以将选择的图层向下或向上移动一层。

6.2.8　对齐图层

在对包含多个图层的图像文件进行内容编辑时，有时会需要对不同图层中的图像进行对齐操作。通过使用鼠标拖动图层内容来进行对齐，效率不高且不能很方便地准确对齐。在图层面板中选择需要进行图像内容对齐的图层后，在执行"图层→对齐"命令弹出的子菜单中选择需要的命令，即可对这些图层进行对应的对齐操作，如图 6-14 所示为对选择图层执行左边缘对齐的应用效果。

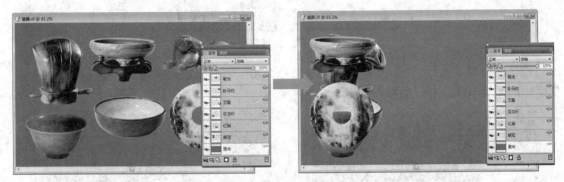

图 6-14　对齐图层内容

6.2.9　群组图层

通过将图层群组，可以方便快速地对群组的多个图层同时进行移动、缩放或旋转、复制或删除、设置统一的不透明度或合成方式等操作，并能将群组的多个图层同时复制到另一个图像窗口中。选择需要群组在一起的图层后，执行"图层→群组图层"命令或按"Ctrl+G"键即可，如图 6-15 所示。

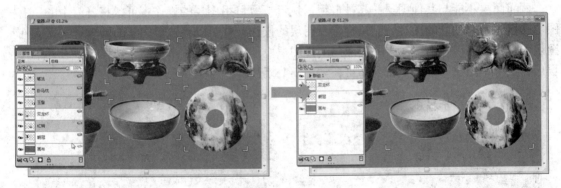

图 6-15　群组图层

画笔工具不能在群组层上直接进行绘制，也不能为其应用效果命令。要对其中所包含的内容进行编辑时，需要先在"图层"面板中展开群组然后选择目标图层再进行绘图或其他操作。

在"图层"面板中选择一个群组层后，执行"图层→解散图层群组"命令或按"Ctrl+U"键，可以将该群组层解散，恢复到未群组的状态，如图 6-16 所示（在"图层"面板中选择的群组对象不能为展开状态，否则不能被解散）。

图 6-16　群组层操作提示

选择群组层并执行"图层→折叠群组"命令，可以将群组层转换为一个普通图像图层，群组中的图层自动合并，如图 6-17 所示。

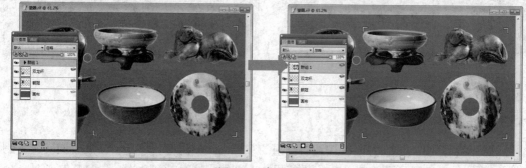

图 6-17　折叠群组

6.2.10　合并图层

画布图层不能与其他图层一起被群组。执行折叠群组图层的操作，可以将群组中的所有图层转换为一个独立的图层。而执行合并图层的操作，则可以将选择图层的内容合并入画布图层中，从而实现画布图层中的图像与其他图层中的图像变成一个整体。选择需要合并的图层后，执行"图层→合并"命令即可，如图 6-18 所示。

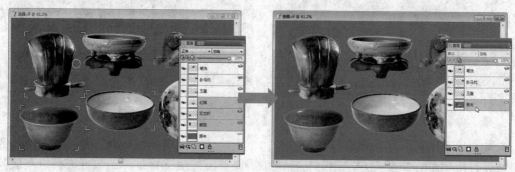

图 6-18　合并图层

6.3　图层蒙版的应用

图层蒙版的主要功能是在不实际删除图像内容的情况下，将图像的部分或全部变成透明，在需要时可以完全恢复至初始状态。一般情况下，蒙版中的白色部分为完全透明区，灰色部分为半透明区，黑色部分为完全不透明区，用户可以使用绘图工具等对蒙版进行编辑操作。可以利用蒙版功能来进行精细的抠图编辑，也可以用以创建精确的选区进行进一步的编辑。

 上机练习 06　图层蒙版的编辑应用

　　1　执行"文件→打开"命令或按"Ctrl+O"键，打开素材库中的"Reader\Chapter 6\上机练习 06\蝴蝶.rif"文件，如图 6-19 所示。其中的蝴蝶图像层含有白色的背景，接下来就通过创建蒙版并进行绘图编辑，对白色的背景进行隐藏显示的处理。

　　2　在"图层"面板中选择"蝴蝶"图层，执行"图层→新建图层蒙版"命令或按下面板下方的"新建图层蒙版"按钮□，即可为该图层创建图层蒙版，如图 6-20 所示。

图 6-19　打开图像文件

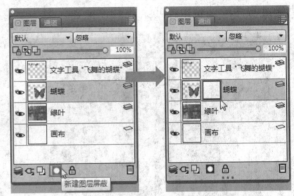

图 6-20　新建图层蒙版

　　3　在"画笔选择器"中选择"水粉笔→覆盖宽画笔"，设置笔刷大小为 30.0，设置主颜色为黑色，然后在蝴蝶图层的白色区域涂绘，对白色部分进行大致的清除，如图 6-21 所示。

　　4　选择"水粉笔→精细水粉圆笔 10"，在图层蒙版上进一步对白色区域进行描绘清除，如图 6-22 所示。

图 6-21　在蒙版上描绘

图 6-22　进一步清除白色区域

　　5　设置更小的笔刷尺寸，配合图像窗口显示比例的调整，在蒙版中对残留的白色边缘进行精细的描绘清除，如图 6-23 所示。

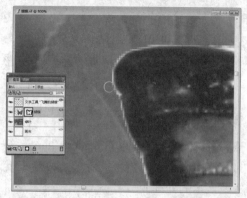

图 6-23　精细描绘蒙版图像边缘

6　设置画笔尺寸为 1.5，在"颜色"面板中设置主颜色为灰色，然后在蒙版中沿图像的边缘进行描绘，将边缘残余的白色像素转变为半透明效果，如图 6-24 所示。

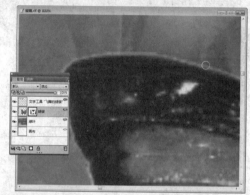

图 6-24　应用灰色描绘蒙版

7　在图层的蒙版上单击鼠标右键并选择"将图层蒙版加载到选区"命令，可以将图层蒙版中描绘的区域创建为选区，如图 6-25 所示。

8　打开"通道"面板，可以在其中查看到图层蒙版的通道层处于隐藏显示状态。单击通道层前面的图标，可以在图层窗口中查看图层的蒙版中被描绘的所有黑色区域，如图 6-26 所示。

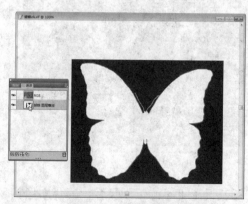

图 6-25　从蒙版创建选区　　　　　　图 6-26　查看蒙版通道

在图层的蒙版上单击鼠标右键，在弹出的菜单中选择"停用图层蒙版"命令，可以暂时取消蒙版对图像的隐藏效果；选择"删除图层蒙版"命令，图层恢复至未创建蒙版时的状态；选择"应用图层蒙版"，图层的蒙版将以当前状态进行应用，且不能被继续描绘内容，同时"通道"面板中的蒙版层被清除。

6.4　图层的合成方式

图层的合成方式用于确定当前图层（或图层群组）中的像素与下一个图层中的像素进行混合的方式。单击"图层"面板中的"合成方式"下拉按钮，在弹出的下拉列表中提供了 21 种图层合成方式（其中"默认"即等同于"正常"方式），如图 6-27 所示。设置不同的合成方式，可以使当前图层与下一层图像之间产生各种不同的图像效果（文字图层不能应用图层的合成方式或设置合成深度、不透明度等效果，需要先将其转换为一般图层后才能应用这些效果），如图 6-28 所示。

图 6-27　应用图层的合成方式

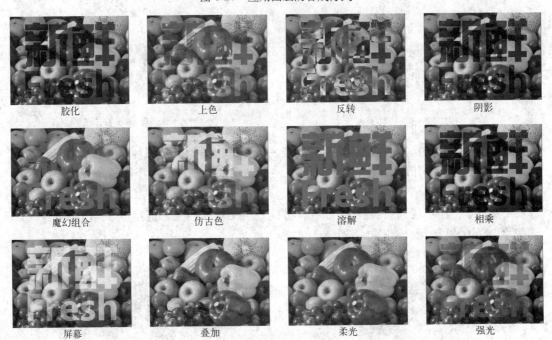

图 6-28　各种图层合成方式的应用效果

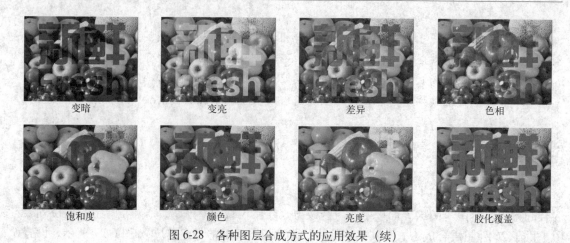

| 变暗 | 变亮 | 差异 | 色相 |

| 饱和度 | 颜色 | 亮度 | 胶化覆盖 |

图 6-28　各种图层合成方式的应用效果（续）

6.5　图层的合成深度

图层的合成深度是指在图层上有厚涂类画笔的笔触时，对所模拟颜料立体厚度所产生的光线深度效果进行的设置。单击"图层"面板中的"合成深度"下拉按钮，在弹出的下拉列表中提供了 4 种图层深度的合成方式，如图 6-29 所示。

- 忽略：忽略图层上的笔触深度效果，也就不会显示颜料厚涂效果，如图 6-30 所示。
- 添加：将当前图层上的笔触深度效果与下层图层中的笔触深度效果相加，增强笔触重叠部分的深度效果，如图 6-31 所示。

图 6-29　图层的合成深度

图 6-30　忽略合成深度

图 6-31　添加合成深度

- 减去：从当前图层上的笔触深度效果减去下层图层中的笔触深度，在上下图层中的笔触有重叠时，可以产生深度交叉效果，使笔触深度如同在同一个图层上先后绘画的一样，如图 6-32 所示。
- 替换：以当前图层上的笔触深度效果替换下层图层中的笔触深度，得到覆盖下层笔触深度的合成效果，如图 6-33 所示。

图 6-31　减去合成深度

图 6-33　替换合成深度

6.6　图层的不透明度设置

　　默认情况下，图层的不透明度数值为 100%的完全不透明效果。在"图层"面板中通过输入数值或拖动不透明度滑块的方法，可以调整图层中图像的显现程度，得到半透明效果，如图 6-34 所示。

图 6-34　调整图层的不透明度

　　在所选择的图层包含透明区域时，按下"图层"面板中的"保持透明度"按钮，可以保护图层中的透明部分不受画笔笔触颜料的影响，只在有图像的区域进行绘画，如图 6-35所示。

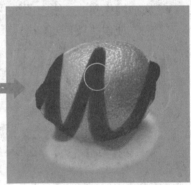

图 6-35　保持图层透明度区域

6.7　应用动态外挂插件

　　应用在图层上的动态外挂插件，类似 Photoshop 中的滤镜特效，可以使图像产生徒手绘画不能实现的多种变化，既可以丰富绘画创作的图像效果，又可以提高编辑的工作效率。部分动态外挂插件特效不会直接应用在单个图层上，而是生成新的特效图层，使位于其下图层中的图像都可以得到插件特效的影响变化。在执行"图层→动态外挂插件"命令弹出的子菜单或在按下"图层"面板下方的"动态插件"按钮弹出的菜单中选择需要的命令，即可设置该动态外挂插件的特性，如图 6-36 所示。

图 6-36　选择动态外挂插件命令

6.7.1 修饰斜边

该特效可以使当前图层中的图像产生斜边浮雕的修饰效果。执行该命令后，在弹出的"修饰斜边"对话框中对其应用效果进行具体的设置，如图 6-37 所示。

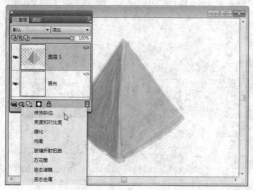
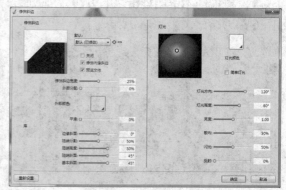

图 6-37　为图层添加"修饰斜边"特效

- 预览窗格：在其中直观地表现了特效当前的参数设置所产生的立体斜边程度和效果。
- 关闭：勾选该复选框，将关闭图层中图像的立体效果，包括笔触深度效果也不会显现，如图 6-38 所示。
- 修饰内缘斜边：该选项默认被勾选，可以对图像上特效所产生的斜边效果进行细化修饰，使斜边纹理更细密，如图 6-39 所示。

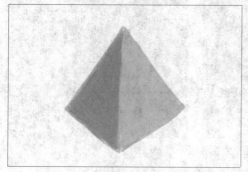

图 6-38　关闭效果　　　　　　　　　　　图 6-39　修饰内缘斜边

- 修饰斜边宽度：调整该选项的数值，可以调整浮雕斜边的宽度百分比，如图 6-40 所示。

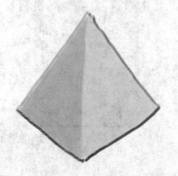

图 6-40　不同宽度的斜边效果

- 外部分配：以图像的原始边缘为界，设置分配到边缘外部的斜边百分比，如图 6-41 所示。
- 外部颜色：用于设置特效所产生斜面的颜色，如图 6-42 所示。

图 6-41　设置斜面向外部扩展的比例　　　　　　图 6-42　修改斜面颜色

- 平滑：设置斜边坡面的平滑程度，数值越大，斜边坡面越平缓，如图 6-43 所示。

图 6-43　设置斜边平滑度

- 边缘斜面：用于为图像中斜边以外的部分设置斜面效果。数值为负时，斜面向下，与斜边效果形成相对内陷的效果。数值为正时，延续斜边效果的方向向上延伸，如图 6-44 所示。

图 6-44　设置不同程度的边缘斜面

- 陡峭分割：用于设置斜边与斜面效果分割线的位置百分比。数值越大，分割线越靠上，斜边越平缓。数值越小，分割线越靠下，斜边越陡峭，如图 6-45 所示。

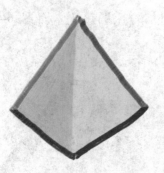

图 6-45　设置不同的陡峭分割线位置

- 陡峭高度：用于设置斜边与斜面分割线的高度。数值为正时，向上陡峭效果更明显；数值为负时，分割线位置低于斜边边缘位置，形成向下凹陷的效果，如图 6-46 所示。

图 6-46　设置不同程度的陡峭高度

- 陡峭斜面：设置斜边坡面顶部下坡方向的弧线程度。数值为正时，坡面先向下再向上；数值为负时，坡面先向上再向下，如图 6-47 所示。

图 6-47　设置不同程度的陡峭斜面

- 基本斜面：设置斜边坡面底部上坡方向的弧线程度。数值为负时，坡面先向下再向上；数值为正时，坡面先向上再向下。
- 灯光：通过设置灯光的位置、颜色、方向、高度、亮度等参数，对特效所模拟立体浮雕的光照效果进行调整，如图 6-48 所示。

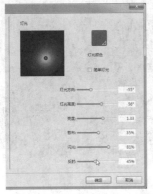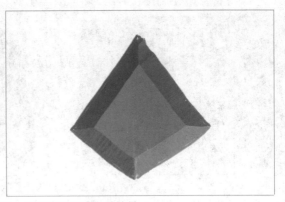

图 6-48 灯光选项设置应用效果

6.7.2 亮度和对比度

在执行该命令弹出的"亮度/对比度"对话框中改变亮度和对比度的数值,可以对当前所选择图层或选区中图像的亮度和色彩对比度进行调整,如图 6-49 所示。

图 6-49 修改图像亮度和对比度

6.7.3 燃烧

该特效可以使图像产生燃烧相片边缘的效果。执行该命令后,可以在弹出的"燃烧选项"对话框中对其应用效果进行具体的设置,如图 6-50 所示。

图 6-50 为图层应用"燃烧"特效

- 燃烧边界:设置图像从边缘向内燃烧的距离,数值越大,燃烧范围越大,如图 6-51 所示。

图 6-51　设置燃烧边界

- 火焰幅度：设置模拟燃烧效果的火焰幅度，数值越大，烤焦范围越大，如图 6-52 所示。

图 6-52　设置火焰幅度

- 火焰强度：设置模拟的火焰强度，强度数值越大，燃烧范围越大，且烧掉的边缘越不整齐。
- 风向：设置模拟的风向角度，影响燃烧效果的整体偏向趋势。
- 风速：设置模拟风力的强度，数值越大，燃烧速度越快，边缘越整齐。
- 锯齿：设置燃烧边缘的锯齿程度；数值越小，边缘越整齐，数值越大，边缘越不规则，如图 6-53 所示。

图 6-53　设置边缘锯齿程度

- 颜色：设置应用到燃烧边缘内被烤焦范围的变化颜色。
- 使用纸张材质：勾选该复选框，在燃烧边缘和烤焦部分可以显示出当前图层的纸纹效果。

6.7.4　均衡

执行该命令弹出"均衡"对话框，在其中通过改变阴影、高光和中间调的数值，可以对当前所选择图层或选区中图像的亮度和对比度进行调整，如图 6-54 所示。

- "黑点与白点"直方图：横向值代表原图像中的亮度值，纵向值代表图像中包含各亮度级的像素数量。通过拖动黑色或白色三角形滑块来对图像中各亮度级别的像素比例进行调整。
- 伽玛：调整该选项的数值，可以调整像素的色彩对比度。增加数值，图像色彩对比加大，图像变暗。
- 自动设置：按下该按钮，程序自动分析当前图层或选区中像素的亮度分布，并进行平均化调整。

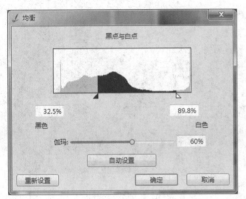

图 6-54　调整黑白色调的均衡

6.7.5　玻璃折射变形

执行该命令时，会先将当前所选择的图层或选区中的图像复制到新的图层中，通过应用对话框中设置的参数，可以决定新图层中图像上生成的毛玻璃透视折射效果，如图 6-55 所示。

图 6-55　为选区中的图像应用玻璃折射扭曲特效

- 使用：在该下拉列表中设置要应用特效的图像内容来源。
- 反转：勾选该复选框，可以使生成的玻璃效果翻面，得到从玻璃的另一面查看的图像效果。
- 柔软度：相当于设置玻璃的表面光滑程度。数值越小，玻璃表面粗糙纹理越细腻；数值越大，则玻璃表面的纹理越粗糙，如图 6-56 所示。

图 6-56 设置玻璃表面纹理柔软度

- 量：设置玻璃表面粗糙纹理的密度，数值越大，纹理越细密，如图 6-57 所示。

图 6-57 设置粗糙纹理的密度

- 变化：设置玻璃表面纹理的深度变化。数值越大，表面深度变化越强烈，折射后的图像效果越模糊，如图 6-58 所示。

图 6-58 设置表面纹理的深度变化

6.7.6 万花筒

"万花筒"外挂插件可以在新建的图层中生成一个可移动的类似透镜的正方形区域，在该区域中以中心点为圆心，在 315°～360°扇区捕获下层图像并镜像到其他 7 个 45°的扇区进行显示，得到万花筒一样的图像效果。将下层执行该命令后，在弹出的对话框中设置好要创建透镜区域的尺寸并单击"确定"按钮，即可在"图层"面板中生成新的动态外挂图层，如图 6-59 所示。

图 6-59　应用万花筒外挂特效

在新建的动态外挂图层中移动正方形透镜区域的位置，可以显现万花筒变化效果，如图 6-60 所示。

图 6-60　移动透镜区域位置

6.7.7　液态滤镜

在执行该特效生成的新图层中，利用特效所提供的多种涂绘工具进行绘画，可以使下层图像中笔触绘制到的像素发生各种扭曲变化，生成液体流动的折射扭曲效果，如图 6-61 所示。

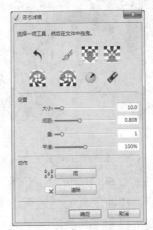

图 6-61　应用液态滤镜特效

- ↶（重新设置所有工具）：按下该按钮，恢复所有设置选项的默认值。

- (扭曲)：选择该工具在图像窗口中涂绘，可以使笔触覆盖的图像产生液体流过后的扭曲透视效果，如图 6-62 所示。
- (膨胀)：该工具可以使笔触覆盖的图像产生膨胀凸起的扭曲透视效果，如图 6-63 所示。
- (挤压)：该工具可以使笔触覆盖的图像产生向内挤压凹进的扭曲透视效果，如图 6-64 所示。

图 6-62　扭曲　　　　　　　图 6-63　膨胀　　　　　　　图 6-64　挤压

- (右旋转)：该工具可以使笔触覆盖的图像产生向右旋转的扭曲透视效果，如图 6-65 所示。
- (左旋转)：该工具可以使笔触覆盖的图像产生向左旋转的扭曲透视效果，如图 6-66 所示。
- (圆形扭曲)：选择该工具，可以在图像窗口中拖绘出一个虚线圆形，在该圆形范围内的下层图像将发生从圆心向边缘扩散挤压的扭曲效果，如图 6-67 所示。

图 6-65　右旋转　　　　　　图 6-66　左旋转　　　　　　图 6-67　圆形扭曲

- (橡皮擦)：选择该工具在已经涂绘了透视扭曲效果的区域擦拭，可以将该区域的扭曲效果恢复至初始状态，如图 6-68 所示。
- 大小：调整扭曲工具的笔触大小。
- 间距：调整扭曲工具涂绘时笔触控制点之间的间距。
- 量：调整应用扭曲工具对图像的扭曲程度，数值越大，扭曲变化程度越大，如图 6-69 所示。

图 6-68　使用橡皮擦恢复扭曲变形　　　　　　　　图 6-69　调整扭曲程度

- 平滑：设置扭曲工具笔触控制点之间的平滑度。数值越大，对图像的扭曲变形越平滑；数值越小，扭曲变化越不规则，如图 6-70 所示。
- 雨：按下该按钮，可以使动态外挂图层整体产生液态从上到下的流动动画，同时对下层图像也产生透视扭曲效果，如同透过雨水流动的玻璃查看下层图像一样。在窗口中的任意位置单击鼠标左键，可以停止液体流动扭曲动画，如图 6-71 所示。
- 清除：按下该按钮，撤销在动态外挂图层中的所有扭曲变形操作，恢复至初始状态。

图 6-70　不同数值的平滑度应用　　　　　　　　图 6-71　启动雨水流动扭曲

6.7.8　液态金属

该特效与"液态滤镜"相似，都是在生成的动态外挂图层中利用特效提供的工具进行涂绘。不同的是，"液态金属"特效是直接在动态外挂图层中根据笔触生成液态金属的图像，不会对下层图像产生影响，如图 6-72 所示。

图 6-72　应用液态金属特效

- （画笔）：选择该工具后，在图像窗口中绘画，即可绘制出液态金属的笔触，如图 6-73 所示。
- （橡皮擦）：使用该工具，可以擦除绘制的液态金属笔触，如图 6-74 所示。
- （圆形落下）：选择该工具，可以在图像窗口中拖绘出一个虚线圆形，在释放鼠标后即在圆形范围内填充液态金属。在圆形液态金属墨滴之间的距离接近时将相互吸引，距离足够靠近时将溶合到一起，如图 6-75 所示。

图 6-73　绘制液态金属笔触　　　　6-74　擦除笔触　　　　图 6-75　绘制圆形金属墨滴

- （选择墨滴）：选择该工具后，在图像窗口中按住并拖动鼠标，可以绘制一个矩形选区，如图 6-76 所示。
- （移动墨滴）：使用"选择墨滴"工具绘制了选区以后，可以选择此工具对选区内的液态金属墨滴进行移动，如图 6-77 所示。
- 显示控制点：勾选该复选框，可以显示出液态金属墨滴的笔触控制点，查看到笔触的轨迹、控制点的间距等，如图 6-78 所示。

图 6-76　选择墨滴　　　　　图 6-77　移动墨滴　　　　　图 6-78　显示控制点

- 大小：用于设置液态金属笔触单位墨滴的大小。需要注意的是，调整该数值的大小，是对刚刚完成绘画的液态金属笔触尺寸进行调整，如图 6-79 所示。
- 间距：调整笔触控制点之间的距离。在间距相对笔触尺寸大小足够大时，使用"画笔"工具将绘制出连续的点状笔触，如图 6-80 所示。
- 容量：用于设置单位墨滴中液态金属的含量，数值越大，墨滴向边缘的扩散范围就越大，如图 6-81 所示。

图 6-79　不同尺寸的笔触　　　　图 6-80　不同间距的笔触　　　　图 6-81　不同容量的笔触

- 平滑：用于设置液态金属单位墨滴表面的平滑度，数值越大，表面越平滑，如图 6-82 所示。
- 贴图：在该下拉列表中，可以为当前动态外挂图层中的所有液态金属笔触选定图像内容，包括"标准金属"、"铬黄 1"、"铬黄 2"（显示铬合金光泽）、"内部"（显示内聚金属光泽）、"克隆来源"（以"媒体选择器"面板中当前选择的图案来应用金属光泽）5 种类型，如图 6-83 所示。

　　　　图 6-82　设置墨滴平滑度　　　　　　　　　　图 6-83　不同的笔触贴图

- 量：设置当前所选择贴图在液态金属墨滴上应用的位置。正值为正面偏移贴图，负值为背面偏移贴图，如图 6-84 所示。
- 折射：用于设置液态金属墨滴对下层图像的折射程度，如图 6-85 所示。

　　　　　图 6-84　设置不同的贴图应用量　　　　　　　　图 6-85　设置折射效果

- 表面张力：该复选框默认为勾选状态，可以启用液态金属墨滴的表面张力，使墨滴饱满圆润。取消勾选，则墨滴呈锥形下塌状，如图 6-86 所示。
- 雨：按下该按钮，动态外挂图层上将以当前的参数设置连续生成点状液态金属墨滴，如同金属雨滴落下一样。在窗口中的任意位置单击鼠标左键，可以停止液体金属墨滴落下的动画，如图 6-87 所示。
- 清除：按下该按钮，清除当前动态外挂图层中的所有液态金属图像。

图 6-86　开启与取消表面张力的效果

图 6-87　启动雨滴效果

6.7.9　色调分离

在执行该命令弹出的"色调分离"对话框中，调整"程度"选项的数值，可以使动态外挂图层下层的图像产生对应程度的色调分离。数值越小，图像中保留的颜色数量越少，如图 6-88 所示。

图 6-88　应用色调分离外挂特效

6.7.10　撕裂

该特效可以使当前图层中的图像产生手撕相片边缘的效果。执行该命令后，在弹出的"撕裂"对话框中可以对其应用效果进行具体的设置，如图 6-89 所示。

- 边缘：设置在图像边缘被撕掉的范围比例，数值越大，撕裂范围越大，如图 6-90 所示。
- 强度：设置手撕操作的执行强度，数值越大，撕掉的范围越大，如图 6-91 所示。
- 锯齿：设置撕裂边缘的锯齿程度。数值越小，边缘越整齐；数值越大，边缘越不规则，如图 6-92 所示。

图 6-89　为图层应用"撕裂"特效

图 6-90　不同比例的撕裂边缘

图 6-91　不同比例的撕裂强度

图 6-92　不同比例的锯齿程度

- 颜色：设置模拟相纸的纸张颜色，如图 6-93 所示。

- 撕裂颜色：勾选该复选框，可以显示出撕裂边缘的纸张颜色。取消勾选，则不显示纸张颜色，如图 6-94 所示。

图 6-93　设置纸张颜色

图 6-94　取消"撕裂颜色"选项

6.8　课后习题

选择题

1. 以下图层类型中不能使用工具创建，只能通过菜单命令创建的是（　　　）。

   A. 水彩图层　　　　B. 油墨图层　　　　C. 动态外挂图层　　D. 矢量图层

2. 以下图层类型中不能为其应用图层合成方式的是（　　　）。

   A. 水彩图层　　　　B. 油墨图层　　　　C. 文字图层　　　　D. 矢量图层

3. 以下动态外挂插件命令在应用后不会创建新图层的是（　　　）。

   A. 万花筒　　　　　B. 玻璃折射扭曲　C. 色调分离　　　　D. 亮度和对比度

第 7 章　图像调整与效果编辑

 学习要点

➢ 了解并掌握"色调控制"类命令对图像色彩调整校正的功能和操作方法
➢ 了解并掌握"表面控制"类命令的各种图像特效创建编辑功能
➢ 了解"焦点"类命令对图像产生的各种模糊虚化处理效果
➢ 了解并掌握"特殊效果"类命令的各种艺术化特效编辑功能

7.1　色调控制

对图像应用色调调整，不仅可以校正图片中因各种因素而产生的色调灰暗或饱和度不足等问题，还可以根据图像处理的需要，对图像中的整体或局部色彩进行有效的调整，编辑出特殊的色彩效果。

7.1.1　校正颜色

应用"校正颜色"命令可以对图像的色彩进行比较全面的调整。执行"效果→色调调整→校正颜色"命令后，打开"颜色校正"对话框，通过调整色相平衡曲线或设置效果、对比度、亮度选项的参数，可以对图像中指定的色彩通道进行调整，如图 7-1 所示。

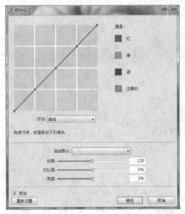 

图 7-1　"颜色校正"对话框与要应用调整的图像

● 通道：选择图像中需要调整的色彩通道进行操作。选择"主要的"，则对所有色彩通道应用调整。
● 曲线图：曲线图中默认以对角斜线显示当前的色彩曲线值。选择一个颜色通道后，在曲线图中即显示该通道的调整曲线。曲线上的控制点从上到下分别对应当前所选色彩通道在高光部、1/4 调、中间调、3/4 调、暗部色调；用鼠标按住曲线上的一个色调控制点后，向上拖动为增加饱和度，向下拖动为降低饱和度，如图 7-2 所示。

图 7-2　调整色彩的饱和度

- **方法**：在该下拉列表中提供了"曲线""徒手绘"和"高级"三种色调调整方式。"曲线"为默认的调整方式，通过拖动色调控制点或在对话框下方的选项中设置"效果""对比度""亮度"的数值，对图像的色彩进行校正调整；选择"徒手绘"时，可以在曲线图中以手绘曲线的方式，对当前所选色彩通道的色调进行调整，对话框下方的选项将实时显示鼠标手绘位置的坐标；选择"高级"时，可以通过下方的选项，分别对当前所选通道在高光部、1/4 调、中间调、3/4 调、暗部色调的色彩像素比值进行准确的调整，如图 7-3 所示。

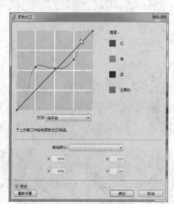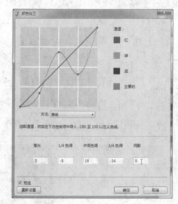

图 7-3　徒手绘和高级调整方法

7.1.2　调整颜色

"调整颜色"命令可以直接通过对图像进行色相、色彩饱和度、亮度值的调整来改变图像的整体色彩。执行"效果→色调调整→调整颜色"命令后，打开"调整颜色"对话框，如图 7-4 所示。

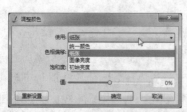

图 7-4　"调整颜色"对话框与要应用调整的图像

- 色相偏移：应用"使用"下拉列表中选择的方式，对图像进行整体的色相偏移调整，如图 7-5 所示。
- 饱和度：应用"使用"下拉列表中选择的方式，对图像中色彩的饱和度进行整体的调整，如图 7-6 所示。
- 值：应用"使用"下拉列表中选择的方式，对图像中色彩的亮度进行整体的调整，如图 7-7 所示。

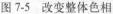

图 7-5　改变整体色相　　　　图 7-6　降低色彩饱和度　　　　图 7-7　降低图像亮度

- 使用：在该下拉列表中，提供了 4 种应用到图像中的色彩调节方式。
  - ➢ 统一颜色：对图像的全部色彩像素应用统一的颜色调整。
  - ➢ 纸张：对图像的颜色调整将带入当前图像所应用的纸张纹理，如图 7-8 所示。
  - ➢ 图像亮度：将通过改变图像中色彩的亮度来改变像素的颜色。
  - ➢ 初始亮度：将应用克隆源（未制定克隆源时，将以"媒体选择器"面板中当前所选择的图案进行应用）的图像亮度进行色彩调整控制，如图 7-9 所示。

图 7-8　应用纸张　　　　　　　　　图 7-9　应用克隆源亮度

7.1.3　调整选取的颜色

应用"调整选取的颜色"命令，可以将图像中选定的颜色，改变为另外的颜色，未被选择的其他颜色不受影响。执行"效果→色调调整→调整选择的颜色"命令后，打开"调整选取的颜色"对话框，如图 7-10 所示。其中分割线以上的选项，用于选择图像中的颜色，以及对选择颜色的像素范围进行调整；分割线以下的选项，用于对所确定的像素范围进行色彩调整。

- 选取：选择吸管工具 🖊 后，在图像中需要选择的颜色上单击即可。在"使用"下拉列表中选择要应用的方式，与"调整颜色"对话框中的基本相似。如选择"统一颜色"选项时，可以在单击后面的颜色图标弹出的面板中选择一种颜色，则图像中该颜色的像素即被选择。

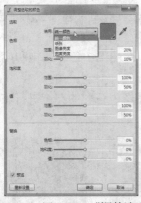

图 7-10 "调整选取的颜色"对话框与要应用调整的图像

- 色相/饱和度/值：通过调整这 3 组选项中的"范围""羽化"数值，可以改变图像中所选颜色的像素范围。
- 替换：调整对上面选项设置所确定的像素范围的色相、饱和度、亮度值。如在此图中选择花朵的中间调红色像素，然后通过调整选项数值，选择花朵上的所有像素范围，再调整"替换"选项中的选项数值，将红色的花朵改变为蓝色的花朵，如图 7-11 所示。

图 7-11 选择颜色并改变色相

7.1.4 亮度与对比度

执行该命令后，在弹出的"亮度与对比度"对话框中改变亮度和对比度的数值，可以对当前所选择图层或选区中图像的亮度和色彩对比度进行调整，如图 7-12 所示。

图 7-12 调整图像的亮度与对比度

7.1.5 均衡

执行该命令后，在弹出的"均衡"对话框中，通过改变阴影、高光和中间调的数值，可以对当前所选择图层或选区中图像的黑白色调进行调整，如图 7-13 所示。

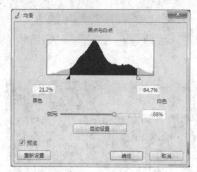

图 7-13　调整黑白色调的均衡

7.1.6　反转负片

　　"反转负片"命令不需要参数设置，执行后直接将当前所选择图层或选区中图像的色彩反相，产生颜色的互补，如图 7-14 所示。对反转了的图像再次应用反转，又可以将其恢复为正片效果。

图 7-14　应用"反转负片"

7.1.7　匹配面板

　　执行该命令后，在打开的"匹配面板"的"来源"下拉列表中选择要与当前图层进行比对调整的图像文件，然后设置下面的选项，可以对当前图层的图像整体效果进行匹配所选图像文件的调整。如调整"颜色"选项的数值，就是设置将所选图像文件的平均颜色值应用到当前图层的程度，如图 7-15 所示。

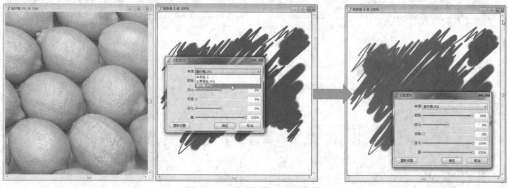

图 7-15　应用"匹配面板"

7.1.8　色调分离

执行该命令后，在弹出的"色调分离"对话框中，调整"程度"选项的数值，可以使当前所选图层或选区中的图像产生对应程度的色调分离。数值越小，图像中保留的颜色数量越少，如图 7-16 所示。

图 7-16　应用色调分离外挂特效

7.1.9　视频标准色

在需要将编辑的图像应用到视频系统中时，可以执行此命令，在弹出的"视频标准色"对话框中选择需要应用的视频制式，对图像中的颜色进行匹配视频系统的转换，使图像的色彩在电视机中更准确地呈现，如图 7-17 所示。

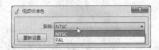

图 7-17　选择要应用的视频制式

7.1.10　使用颜色集色调分离

执行此命令时，将以"颜色集材质库"面板中当前处于工作状态的颜色集（显示出该颜色集后，选择其中一个色票即可）中的颜色构成，对当前所选图层或选区中的图像进行色调分离，如图 7-18 所示。

图 7-18　使用颜色集进行色调分离

7.2　表面控制

"表面控制"菜单中的命令用于对图像进行内容色彩以外的呈现效果编辑，包括光照效果、纹理材质、构成材质等的处理，使图像编辑或绘画作品得到更逼真的仿真效果表现。

7.2.1　应用灯光

在"应用灯光"对话框中可以通过选择不同的灯光类型或者设置各项灯光选项参数，为图像应用模拟光照的效果，如图 7-19 所示。

- 光照类型：在该下拉列表中可以选择预设的光照类型，如图 7-20 所示。每种光照类型都具有不同的灯光选项参数，在编辑应用中，可以先选择一种光照类型，然后调整其应用效果和参数。

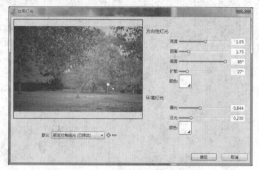

图 7-19 "应用灯光"对话框　　　　　　　　图 7-20 选择光照类型

- 预览窗格：在预览窗格中拖动较大的圆形，可以改变灯光的位置；小圆点的方向即光照的来源方向，按住并拖动小圆点的位置，可以改变光照的角度，如图 7-21 所示。在预览窗格中单击鼠标左键，可以在该位置添加一个方向性灯光，如图 7-22 所示。按 Delete 键，可以删除当前选择的灯光，直至全部删除。

图 7-21 调整灯光位置和光照角度　　　　　　图 7-22 添加灯光

- 方向性灯光：该选项组用于对方向性灯光的光照效果进行设置，包括灯光的亮度、投射距离、投射高度、扩散角度以及灯光颜色等，如图 7-23 所示。
- 环境灯光：环境灯光没有角度属性，将对图像整体产生影响且不会被删除，即使没有方向性灯光，环境灯光仍然会发挥作用。该选项组用于对模拟的环境灯光效果进行设置，包括曝光强度、泛光程度以及灯光颜色，如图 7-24 所示。

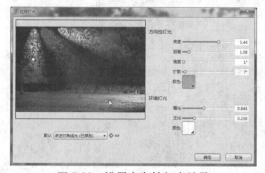
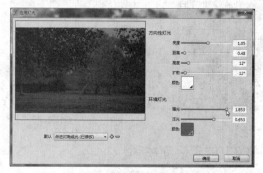

图 7-23 设置方向性灯光效果　　　　　　图 7-24 设置环境灯光效果

7.2.2 应用网点

在"应用网点"对话框中可以通过设置色彩对高反差对比，将图像中的色彩转换为指定的三种颜色，并为其应用网点纹理效果，如图 7-25 所示。

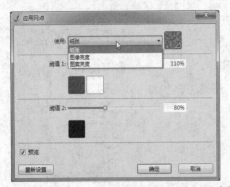

图 7-25　"应用网点"对话框与要应用效果的图像

- 使用：在该下拉列表中可以选择要应用到图像上的纹理类型，包括"纸张"、"图像亮度"和"图案亮度"，如图 7-26 所示。

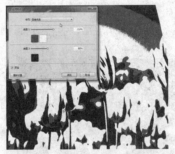

图 7-26　选择要应用的纹理类型

- 阈值 1/2：设置其下颜色在网点纹理中的应用程度。阈值 1 数值越大，则网点中应用其下第一种颜色越多，网点越紧密。在阈值 1 小于阈值 2 时，将只以阈值 2 的颜色应用到网点纹理中，如图 7-27 所示。

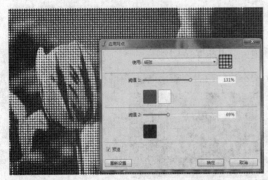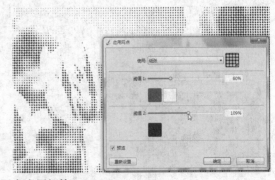

图 7-27　设置网点应用阈值

7.2.3 应用表面材质

在"应用表面材质"对话框中可以为当前图层选择需要的表面材质类型，设置表面材质的效果参数并执行应用，如图 7-28 所示。

- 使用：在该下拉列表中选择要应用的表面材质类型，然后单击后面的缩略图标，在弹出的材质列表面板中选择需要的材质纹理。
- 柔软度：设置所选择材质纹理在应用到当前图层的柔化程度。
- 反转：对应用的材质纹理进行反转，在模拟光照环境下的阴面和阳面互换。
- 深度外观：通过设置应用程度、原图显示程度、反光程度、金属质感反射程度，对所选材质在图层上应用的纹理深度进行调整。
- 灯光控制项：通过设置灯光位置、灯光颜色、灯光数量，对应用的材质纹理在不同光照环境下的显示效果进行模拟。
- 重新设置：单击该按钮，可以将所有选项设置恢复为默认状态。

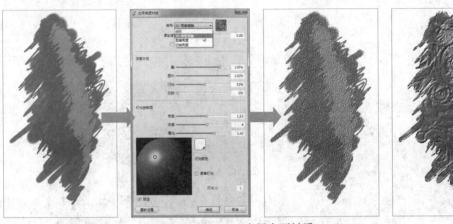

图 7-28　应用表面材质

7.2.4　颜色叠加

在"颜色叠加"对话框中可以通过设置叠加的颜色和应用的纹理类型，改变图像的整体色调和纹理效果，如图 7-29 所示。

图 7-29　"颜色叠加"对话框与要应用效果的图像

- 使用颜色：单击颜色图标，选择要叠加到图像上的颜色。
- 不透明度：调整颜色叠加到图像上的不透明度。数值越大，颜色不透明度越高。
- 使用：在该下拉列表中选择要应用到图像上的纹理类型，包括"统一颜色""纸张"、"图像亮度"和"初始亮度"，如图 7-30 所示。

图 7-30　不同纹理类型的应用效果

- 色调饱和度：选择该选项，应用色彩覆盖模式，颜色将与画纸融合。
- 隐藏强度：选择该选项，颜色不会与画纸融合，颜色在图像上的叠加效果由设置的不透明度决定。

7.2.5　色调饱和度

应用"色调饱和度"命令可以调整图像的色彩浓淡效果并应用纹理，如图 7-31 所示。

图 7-31　"色调饱和度"对话框与要应用效果的图像

- 默认：在该下拉列表中可以选择预设的调整方式。
- 使用：在该下拉列表中选择要应用到图像上的纹理类型，包括"统一颜色"、"纸张"、"图像亮度"和"初始亮度"，如图 7-32 所示。

图 7-32　不同纹理类型的应用效果

- 最大值/最小值：设置所选择的纹理类型应用到图像中时对图像色调饱和度的调整程度。

7.2.6　表现材质

应用"表现材质"命令可以将图像色彩转换为黑白灰阶模式并为其应用纹理，如图 7-33 所示。

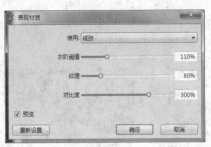

图 7-33　"表现材质"对话框与要应用效果的图像

- 使用：在该下拉列表中选择要应用到图像上的纹理类型，包括"纸张""图像亮度"和"初始亮度"，如图 7-34 所示。

图 7-34　不同纹理类型的应用效果

- 灰阶阈值：调整黑白灰阶的应用程度。数值越大，黑色比例越大；数值越小，白色比例越大。
- 纹理：调整当前所选择纹理的应用程度。
- 对比度：调整图像中黑白调的对比度。数值越大，灰调比例越小，黑白对比越强烈，图像的细节损失越大。

7.2.7　图像扭曲

应用"图像扭曲"命令可以通过多种方式对图像中的局部范围进行扭曲变形，如图 7-35 所示。执行该命令后，在打开的对话框中选择好扭曲方式和扭曲的大小力度，然后在图像窗口中按住鼠标并拖绘出一个虚线圆形，圆形覆盖范围内的图像将根据鼠标拖动的方向进行扭曲。

图 7-35　"图像扭曲"对话框与要应用效果的图像

- 大小：设置对图像的扭曲力度大小。

- 类型：设置对图像的扭曲方式，包括"线性"（图像以直线方式扭曲）、"立方体"（图像将发生立方体式扭曲）和"球体"（扭曲后的图像将呈凸出的球体效果），如图 7-36 所示。

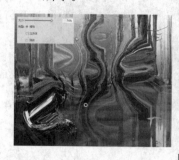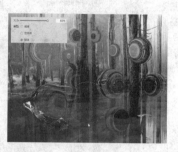

图 7-36　不同扭曲类型的应用效果

7.2.8　快速扭曲

应用"快速扭曲"命令，直接在"快速扭曲"对话框中选择需要的扭曲方式并设置好扭曲强度、角度比例等参数，即可对图像进行扭曲变形，无须在图像中拖绘，如图 7-37 所示。

图 7-37　"快速扭曲"对话框与要应用效果的图像

- 强度：设置以当前所选扭曲方式对图像的扭曲程度。
- 角度比例：设置对图像进行方向性扭曲时的角度比例。
- 球体：以图像中心点为中心，进行球面化反射式扭曲，如图 7-38 所示。
- 外凸：从图像中心向外进行膨胀扭曲，如图 7-39 所示。
- 内陷：从图像中心向内进行塌陷扭曲，如图 7-40 所示。
- 漩涡：以图像中心点为中心，对图像进行漩涡式扭曲。数值为正时，漩涡为逆时针；数值为负时，漩涡为顺时针，如图 7-41 所示。
- 波浪：根据设置的扭曲强度和角度，在图像上生成涟漪波纹的扭曲效果，如图 7-42 所示。

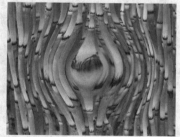

图 7-38　球体扭曲　　　　　　　图 7-39　外凸扭曲　　　　　　　图 7-40　内陷扭曲

图 7-41　漩涡扭曲

图 7-42　波浪扭曲

7.2.9　木刻画

应用"木刻画"命令，可以通过选项参数的设置，对图像中的色彩进行分析和重置，轻松地将图像处理成木刻版画效果，如图 7-43 所示。

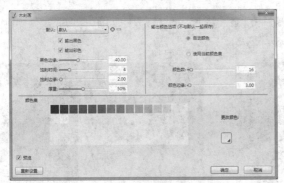

图 7-43　"木刻画"对话框与要应用效果的图像

- 默认：在该下拉列表中可以选择预设的调整方式。
- 输出黑色：勾选该复选框，在图像中将显示黑色表示阴面，如图 7-44 所示；取消勾选，则不显示黑色刻面，如图 7-45 所示。
- 输出彩色：勾选该复选框，输出图像将显示为彩色；取消勾选，则只输出上面选定的黑白色，如图 7-46 所示。

图 7-44　勾选"输出黑色"

图 7-45　取消勾选"输出黑色"

图 7-46　取消勾选"输出彩色"

- 黑色边缘：设置木刻画效果中刻刀刀口的宽度尺寸。数值越大，则黑色刻面越粗；数值越小，则黑色刻面越细，图像中的蚀刻细节越多，如图 7-47 所示。
- 蚀刻时间：设置对图像边缘的腐蚀程度。数值越大，被腐蚀程度越高，图像中的细节越少，如图 7-48 所示。

图 7-47 　"黑色边缘"为 5 和 80 的应用效果　　　图 7-48 　"蚀刻时间"为 1 和 20 的应用效果

- 蚀刻边缘：设置蚀刻边缘的光滑程度。数值越大，蚀刻边缘越光滑，但细节越少，如图 7-49 所示。
- 厚重：设置蚀刻图像时在图像中的深入程度。数值越大，蚀刻处理越深，蚀刻范围越大，剩余细节越少，如图 7-50 所示。

图 7-49 　"蚀刻边缘"为 1 和 20 的应用效果　　　图 7-50 　"厚重"为 3 和 60 的应用效果

- 自动颜色：选择该选项，程序将对图像中原有的色彩进行分析，并整理出"颜色数"选项中确定的色彩数量，对图像中的颜色进行重置，得到色彩块状化的木刻画效果，如图 7-51 所示。
- 使用当前颜色集：选择该选项，将应用"颜色集材质库"面板中当前处于工作状态的颜色集（显示出该颜色集后，选择其中一个色票即可）中的颜色构成，对图像中的颜色进行重置，如图 7-52 所示。

图 7-51 　"颜色数"为 3 和 30 的应用效果　　　图 7-52 　选择不同的颜色集进行应用的效果

- 颜色边缘：设置木刻画图像中色块的边缘宽度。数值越大，色块接片范围越大，色块层次越少，如图 7-53 所示。
- 更改颜色：在颜色色票列表中选择一个颜色后，单击该颜色图标，在弹出的列表中另外选择一种颜色，对木刻画中的该颜色进行替换，如图 7-54 所示。

图 7-53　"颜色边缘"为 2 和 80 的应用效果　　　　图 7-54　更改颜色

7.2.10　拓印

应用"拓印"命令，可以将图像处理成黑白效果并应用纸张的图案的纹理，与在碑石面上刷墨汁并用纸张拓印的效果相似，如图 7-55 所示。

图 7-55　"拓印"对话框与要应用效果的图像

- 使用：在该下拉列表中选择要应用到图像上的纹理类型，包括"纸张"和"图案亮度"，如图 7-56 所示。

图 7-56　不同纹理类型的应用效果

- 边缘尺寸：设置转换成拓印效果后黑白图像的边缘尺寸，数值越大，黑色像素越多，如图 7-57 所示。

图 7-57　"边缘尺寸"为 1 和 80 的应用效果

- 边缘值：设置黑色色块的像素边缘显示比例，数值越大，黑色色块向外扩展越多，如图 7-58 所示。

图 7-58　"边缘值"为 10 和 90 的应用效果

- 平滑：设置黑色色块边缘的平滑度。数值越大，色块边缘越平滑，图像的细节越少，如图 7-59 所示。

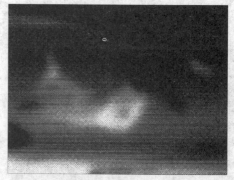

图 7-59　"平滑"为 5 和 70 的应用效果

- 变化：设置图像中纹理的显现程度。数值越大，所选择纹理的显现越明显，如图 7-60 所示。

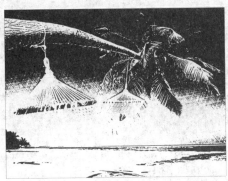

图 7-60　"变化"为 10 和 150 的应用效果

- 阈值：设置图像中黑色像素的数量，相当于控制拓印时的用墨量。数值越大，黑色像素越多，直至全黑，如图 7-61 所示。

图 7-61　"阈值"为 10 和 40 的应用效果

7.2.11　绢印

应用"绢印"命令，可以将图像处理成彩色的拓印效果，如同将有纹理的物件涂上色彩后，按在绢布上得到的图案效果，如图 7-62 所示。

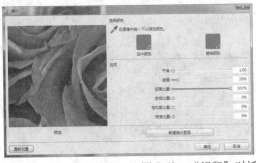

图 7-62　"绢印"对话框与要应用效果的图像

- 选择颜色：显示了图像中要被替换的颜色。可以通过在图像窗口中需要的颜色上单击来拾取，也可以在按下该图标弹出的颜色列表中选择颜色，如图 7-63 所示。
- 替换颜色：在按下该图标弹出的颜色列表中选择一种颜色，即可将图像中被选择的颜色替换成该颜色，如图 7-64 所示。

图 7-63　选择要替换的颜色

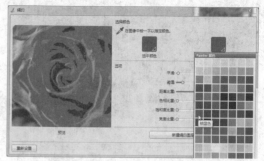

图 7-64　设置要替换成的颜色

- 选项：通过调整"平滑""阈值""距离比重""色相比重""饱和度比重""亮度比重"等选项的参数，对图像中被替换颜色的像素范围进行调整。
- 新建绢印图层：按下该按钮，应用效果参数设置。程序将设置了颜色替换的像素图像，在新建的图层中显示。关闭源图层的显示后，即可查看到特效应用的绢印效果，如图 7-65 所示。

图 7-65　应用绢印效果

7.2.12　素描

应用"素描"命令可以将图像转换为手绘素描草稿的灰阶图像效果，如图 7-66 所示。

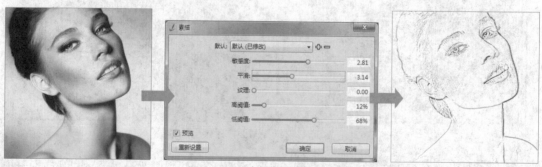

图 7-66　"素描"特效应用效果

- 默认：在该下拉列表中可以选择预设的调整方式。
- 敏感度：设置捕捉图像中色彩边缘的敏感程度，将捕获的边缘转换为线条。
- 平滑：设置转换后图像像素色块边缘的平滑程度。数值越大，像素块边缘越平滑，图像细节越少。
- 纹理：设置对当前所选择纸张纹理的应用程度。数值越大，纹理表现越明显。
- 高/低阈值：设置转换后图像中灰阶像素的杂乱程度。"高阈值"数值越大，图像中的灰阶像素越少。"低阈值"数值越大，生成灰阶像素的层次越少。

7.3　焦点

"焦点"菜单中的命令主要用于模拟相机拍摄所产生的各种图像效果，包括模糊、场景深度、折射、柔化等图像效果。

7.3.1　智能模糊

此特效可以自动识别图像中不同色彩的边缘，对同色成块像素的颜色值进行平均化处理，使素材图像看起来更加光滑，从而达到柔化图像的目的。在"智能模糊"对话框中调整"量"选项的数值，可以设置对像素颜色值平均化的程度，如图 7-67 所示。

图 7-67　"智能模糊"特效应用效果

7.3.2　镜头动态模糊

执行该命令后，在图像窗口中按住鼠标并向需要产生动感模糊的方向拖动，即可使图像中的像素生成与鼠标拖动距离相同的偏移模糊。在"镜头动态模糊"对话框中调整"偏移"选项的数值，可以对像素的偏移程度进行调整，如图 7-68 所示。

图 7-68　"镜头动态模糊"特效应用效果

7.3.3 景深

应用"景深"特效命令可以使图像生成场景深度模糊的变化效果并应用纹理，如图 7-69 所示。

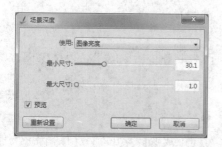

图 7-69 "场景深度"对话框与要应用效果的图像

- 使用：在该下拉列表中选择要应用的景深设置模式，并将应用对应的纹理类型，包括 "统一颜色""纸张""图像亮度"和"初始亮度"，如图 7-70 所示。

图 7-70 不同纹理类型的应用效果

- 最小尺寸/最大尺寸：用于调整图像的景深模糊程度。其中"最小尺寸"用于调整近景的模糊程度，"最大尺寸"用于调整远景的模糊程度，如图 7-71 所示。

图 7-71 分别设置近景模糊、远景模糊和远近模糊

7.3.4 玻璃折射扭曲

应用"玻璃折射扭曲"特效命令，可以使图像产生透过磨砂玻璃或花纹玻璃查看的折射透视效果，如图 7-72 所示。

图 7-72　"场景深度"对话框与要应用效果的图像

- 使用：在该下拉列表中选择要为玻璃效果应用的纹理类型，包括"纸张"、"3D 笔触"（当前所选图案的阴面纹理）、"图像亮度"和"初始亮度"（克隆源的图像纹理；未制定克隆源时，以当前所选图案的阳面纹理进行应用），如图 7-73 所示。

图 7-73　不同纹理类型的应用效果

- 柔软度：设置玻璃的表面光滑程度。数值越小，玻璃表面粗糙纹理越细腻；数值越大，玻璃表面的纹理越粗糙。
- 贴图：在该下拉列表中选择对图像中的像素应用扭曲时的变形方式，如图 7-74 所示。
  - 折射：默认的变形方式，即以玻璃光线扭曲的方式变形图像，表现更逼真的玻璃透视效果。
  - 矢量位移：透过所选择的玻璃纹理，沿水平方向对图像像素进行位移。
  - 角度位移：透过所选择的玻璃纹理，沿不同方向对图像像素进行位移。

图 7-74　不同贴图变形方式的应用效果

- 品质：在该下拉列表中选择对图像进行折射扭曲的效果处理质量。
- 量：用于设置对图像进行折射扭曲的强度。
- 变化：用于设置图像的像素在扭曲变形时的随机变化程度。

- 方向：用于设置图像像素扭曲时的整体偏移方向。
- 反转：勾选该复选框，可以使生成的玻璃效果翻面，得到从玻璃的另一面查看的图像效果。

7.3.5 动态模糊

应用"动态模糊"特效命令可以将图像沿指定方向进行模糊，如图 7-75 所示。

图 7-75 "动态模糊"特效应用效果

- 半径：用于设置动态模糊效果的模糊半径。
- 角度：用于设置动态模糊的偏移方向。
- 稀薄：用于设置模糊方向的随机程度。数值越小，模糊方向随机性越小，动态模糊效果越清晰；数值越大，模糊方向随机性越大，画面整体模糊程度越大。

7.3.6 锐化

应用"锐化"特效命令可以增强图像中像素块边缘的明暗对比度，使画面更锐利清晰，如图 7-76 所示。

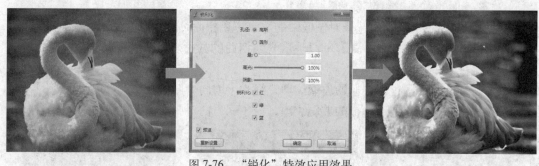

图 7-76 "锐化"特效应用效果

- 孔径：选择对图像进行锐化处理的运算方式。选择"高斯"模式时，可以在下面的"锐利化"选项中分别选择图像中的红色、绿色、蓝色颜色像素进行调整。选择"圆形"模式，则对图像进行整体的锐化处理。
- 量：设置对图像进行锐利化处理的强度，数值越大，明暗对比越强。
- 高光：用于调整图像中高光部分像素的锐化程度。
- 阴影：用于调整图像中阴影部分像素的锐化程度。

7.3.7　柔化

应用"柔化"特效命令可以对图像进行整体的柔化模糊处理，如图 7-77 所示。

图 7-77　"柔化"对话框与要应用效果的图像

- 高斯：可以应用精确的模糊运算，但处理时间较长，如图 7-78 所示。
- 圆形：可以快速对图像进行简单的整体模糊，如图 7-79 所示。
- 量：设置对图像进行柔化模糊处理的程度。

图 7-78　高斯柔化　　　　　　　　图 7-79　圆形柔化

7.3.8　超柔化

"超柔化"命令与"柔化"命令对图像的模糊处理效果相似，可以通过设置具体的像素半径范围进行柔化处理。勾选"缠绕"复选框，可以使图像的边缘产生向内折返模糊的内阴影效果，如图 7-80 所示。

图 7-80　"超柔化"特效应用效果

7.3.9　变焦模糊

应用"变焦模糊"特效命令，可以使图像产生类似镜头快速变焦时的放射状模糊效果。执行该命令后，在图像窗口中单击鼠标左键，即可以该位置作为放射模糊的中心。在"变焦模糊"对话框中调整"量"选项的数值，可以对像素的模糊偏移程度进行调整，如图 7-81 所示。勾选"放大"复选框，可以在生成变焦模糊的同时产生对应强度的放大效果。

图 7-81 "变焦模糊"特效应用效果

7.4 特殊效果

应用"特殊效果"菜单中的命令，可以在图像上生成多种艺术化特效，包括生成大理石花纹、气泡、瓷砖图案、马赛克等图像效果。

7.4.1 应用大理石花纹

通过"应用大理石花纹"特效命令，可以应用设置的参数，对图像进行有规律的扭曲、偏移，进而生成类似大理石花纹的图像效果，如图 7-82 所示。

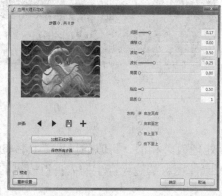

图 7-82 "应用大理石花纹"对话框与要应用效果的图像

- 间距：设置对图像进行扭曲的各组波纹曲线之间的距离。
- 偏移：设置波纹曲线在垂直方向上的位移大小。
- 波动：设置波纹曲线的波动幅度，数值越大，波幅约大；数值越小，波幅越小。数值为 0 时，扭曲线为直线，如图 7-83 所示。

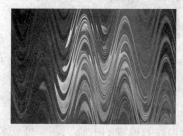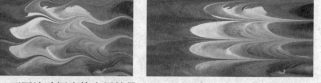

图 7-83 不同波动幅度的应用效果

- 波长：设置波纹曲线的波长（即曲线上一个波峰或波谷点，到相邻波峰或波谷点之间的距离），如图 7-84 所示。

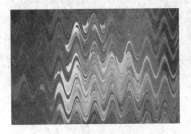

图 7-84　不同波长的应用效果

- 局面：设置波纹曲线在水平方向上的位移大小。
- 拖拉：用于设置对波纹曲线之间的图像应用扭曲时的挤压程度。数值越大，波纹曲线之间的图像挤压变形越大；数值越小，则挤压变形越小，如图 7-85 所示。数值为 0 时，图像上将不产生变化效果。

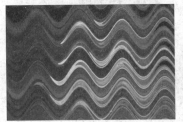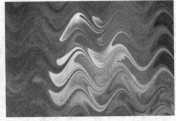

图 7-85　不同拖拉程度的应用效果

- 品质：用于设置对图像应用扭曲变形的精细程度。
- 方向：用于选择对图像应用扭曲变形时，所生成纹理的波动推进方向。
- 步骤：单击"加载石纹步骤"按钮，可以在打开的对话框中选择程序预设的一些设置步骤样式，单击"上一步"或"下一步"按钮，可以切换该步骤样式中包含的多个参数设置进行应用，或在其基础上调整效果，如图 7-86 所示。单击"保存"按钮，可以将当前的选项设置更新为当前步骤的具体设置。单击"新建"按钮，可以在当前步骤设置的基础上新建一个步骤设置，然后修改调整参数设置，再单击"保存"按钮进行更新保存。

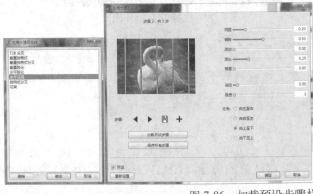

图 7-86　加载预设步骤样式并应用

7.4.2　自动克隆

应用"自动克隆"特效命令，可以应用选择的图像，在当前图像、图层或选区中自动生成克隆效果。所克隆出图像的效果由当前所选画笔的笔触样式决定。

打开需要作为克隆源的图像文件，如图 7-87 所示。在画笔选择器面板中选择一个画笔变量，如"丙烯画笔→分岔鬃毛笔"，（只有部分画笔变量支持应用自动克隆功能），在属性栏中设置好画笔属性。在"颜色"面板中按下"克隆颜色"按钮，或在其扩展命令菜单中选择"使用克隆颜色"命令，将其选择，如图 7-88 所示。

图 7-87　克隆源图像

图 7-88　选择"克隆颜色"

在"克隆来源"对话框中按下"打开来源图像"按钮，在弹出的菜单中选择要作为克隆源的图像文件，如图 7-89 所示。新建一个图层（或新建一个图像文件、选择其他图像文件的图层或选区）并将其选择，然后执行"效果→特殊效果→自动克隆"命令，即可在该图层中应用选择的克隆源生成克隆图像，如图 7-90 所示。

图 7-89　选择克隆源图像

图 7-90　生成的克隆图像效果

执行"自动克隆"命令后，程序会以所选克隆源图像，以当前所选画笔变量的笔触样式，不断地生成克隆图像，覆盖正在制作中的图像。在覆盖更新出的图像达到需要的效果时，单击鼠标左键，即可完成并确认图像效果。

7.4.3　自动梵高

应用"自动梵高"特效命令，可以快速地将选择的图像（图层或选区中的图像）处理或克隆为艺术大师梵高的绘画风格。

打开需要进行特效处理的图像文件，在"克隆来源"对话框中将其指定为克隆源。选择需要应用"自动梵高"克隆效果的图像画布、图层或选区。在画笔选择器面板中选择"艺术家→自动梵高"画笔变量，在属性栏中设置好需要的画笔属性。执行"效果→特殊效果→自动梵高"命令，即可在所选图像画布、图层或选区中应用选择的克隆源生成梵高绘画风格的克隆图像，如图 7-91 所示。

图 7-91　"自动梵高"特效应用效果

7.4.4　气泡

应用"气泡"特效命令，可以在所选画布或图层上生成气泡图像，气泡边缘的图像也将发生匹配气泡形状的扭曲变形。在"使用"下拉列表中，选择对生成气泡图像的填充方式，包括"当前颜色""剪贴板图像"和"图案"。然后通过下面的选项参数，设置生成气泡的数量、最小和最大尺寸、品质等。勾选"随机种子"复选框后，每按下一次下面的"重新整理"按钮 ⟳，即可对气泡进行一次重新随机生成的更新，如图 7-92 所示。

图 7-92　"气泡"特效应用效果

7.4.5　自定义瓷砖

应用"自定义瓷砖"特效命令，可以在图像上生成拼贴的瓷砖效果，如图 7-93 所示。

图 7-93　"自定义瓷砖"对话框与要应用效果的图像

● 使用：在该下拉列表中，选择要应用生成瓷砖效果的拼贴形状，如图 7-94 所示。

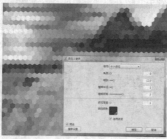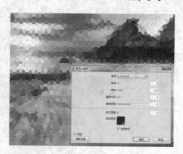

图 7-94　不同形状的拼贴效果

● 砖块宽度/砖块高度：在"使用"下拉列表中选择"砖块"形状样式时，用以设置瓷砖的尺寸大小。
● 角度：设置拼贴瓷砖的旋转角度，如图 7-95 所示。
● 缩放：设置瓷砖图案的缩放比例大小，如图 7-96 所示。

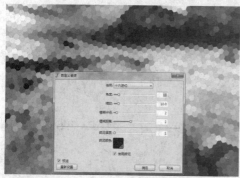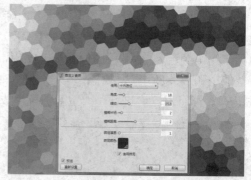

图 7-95　设置瓷砖的拼贴角度　　　　　　图 7-96　设置瓷砖形状的缩放比例

● 模糊半径：应用瓷砖效果时，每一个瓷砖范围内都只有一个颜色，即瓷砖覆盖范围内的平均色。此参数用于设置瓷砖及裂缝颜色的像素采样范围。
● 模糊距离：用于设置以瓷砖拼贴的裂缝为初始位置，向两边的像素进行模糊的距离。数值越大，瓷砖裂缝线越不明显。
● 砖泥厚度：用于设置瓷砖之间的砖泥厚度。勾选"使用砖泥"复选框时，可以在"砖泥颜色"中设置需要的填色颜色；取消勾选，则裂缝中的砖泥变为透明，显示出下层原始图像，如图 7-97 所示。

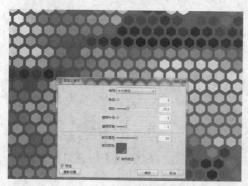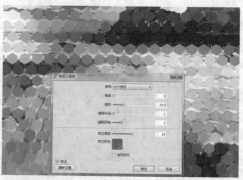

图 7-97　设置砖泥填充与不填充的效果

7.4.6　网格纸

应用"网格纸"特效命令，可以在图像窗口中添加网格线的显示并设置网格的显示属性参数。该特效并不是在图像上生成网格线像素，而仅仅是方便添加自定义的网格线，同样可以通过"画布→网格"菜单中的命令，切换网格的显示状态，或者重新设置网格线，如图 7-98 所示。

图 7-98　"网格纸"特效应用效果

7.4.7　马赛克与镶嵌

马赛克是一种历史久远的建筑装饰艺术，起源于两千多年前的古希腊。由于当时技术落后的原因，一开始只应用黑白两种颜色来拼贴出装饰图案。后来逐渐出现了丰富多样的材质和色彩的应用，并在几百年后的罗马时代得到空前的繁荣发展，被应用在各种建筑的地板、墙面装饰中，尤其是在教堂内外的装饰和宗教故事的艺术表现创作上，使得这些建筑变得豪华绚丽。在现代建筑装饰中应用的马赛克，主要为玻璃和瓷砖材质，形状通常为正方形或长方形。变化多样的自由组合，可以将马赛克的艺术美感发挥到极致，如图 7-99 所示。

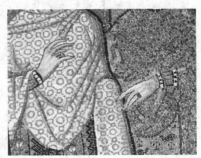

图 7-99　马赛克装饰艺术

在 Painter 中，可以很方便地利用图片，自由地绘制出精美的马赛克图像效果。

上机练习 07：绘制马赛克装饰画

1　执行"文件→打开"命令或按"Ctrl+O"键，打开素材库中的"Reader\Chapter 7\上机练习 07\GIRL.jpg"文件，如图 7-100 所示。这是一张少女坐在桌前的照片，我们将在此图像基础上绘画出马赛克装饰画效果。

2　在"克隆来源"对话框中按下"打开来源图像"按钮🖼，在弹出的菜单中选择要作为克隆源的图像文件，如图 7-101 所示。

图 7-100　打开图像文件

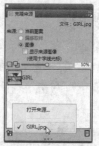

图 7-101　选择克隆源图像

3　执行"效果→特殊效果→马赛克与镶嵌"命令，打开"马赛克与镶嵌"对话框，在"动作"下拉列表中选择"应用瓷砖"，然后在下面设置瓷砖宽度为 4.0，长度为 6.0。勾选"克隆颜色"复选框，以所指定克隆源的图像色彩决定所绘画出瓷砖的颜色。勾选"使用描图纸"复选框，在图像窗口中显示出半透明的源图像，如图 7-102 所示。

图 7-102　设置选项参数

取消对"克隆颜色"的勾选，则以对话框中"瓷砖颜色"所指定色彩决定瓷砖的颜色。不预先指定克隆源图像，勾选"克隆颜色"复选框，绘画出的瓷砖将显示随机的颜色。指定克隆源并勾选"克隆颜色"选项，则绘画出的瓷砖的颜色，即为该瓷砖覆盖范围内原始图像像素的平均色。

4　使用鼠标或数码绘画笔，在图像窗口中绘画出人物和周围景物的轮廓，注意先不要画人物的面部和头发、衣服、花瓶上花朵的细节，如图 7-103 所示。

5　在"马赛克与镶嵌"对话框修改瓷砖宽度为 2.5，长度为 4.0，然后在图像窗口中绘画人物的面部和头发、衣服、花瓶上花朵的细节，如图 7-104 所示。

图 7-103　绘画主体轮廓

图 7-104　绘画图像细节

6 在"动作"下拉列表中选择"删除瓷砖",然后在图像中绘画不流畅的笔迹上按住并绘画,或者单击需要删除的瓷砖,即可将其删除,以便重新绘画,如图 7-105 所示。

图 7-105 删除不完善的瓷砖

7 在"动作"下拉列表中选择"应用瓷砖",设置瓷砖宽度为 4.0,长度为 6.0,然后在图像中刚才删除的部分重新绘画瓷砖图像,如图 7-106 所示。

图 7-106 重新绘画瓷砖

8 修改瓷砖宽度、长度为 15.0,取消对"使用描图纸"选项的勾选,然后在图像窗口中对周围的图像进行均匀的涂绘,如图 7-107 所示。

图 7-107 涂绘背景瓷砖

9 在"动作"下拉列表中选择"更改瓷砖颜色",在"颜色调整"选项中选择"颜色"选项并设置新的颜色为"深红镉",然后在图像窗口中的花朵范围上进行涂绘,修改部分瓷砖的颜色为红色,增加画面中的色彩变化,使画面更美观,如图 7-108 所示。

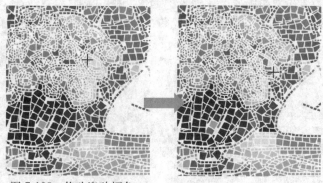

图 7-108　修改瓷砖颜色

10 对其他需要调整的瓷砖进行完善，按下"确定"按钮进行应用。执行"文件→另存为"命令，将文件命名并以 RIFF 文件格式进行保存，完成效果如图 7-109 所示。

图 7-109　马赛克瓷砖完成效果

马赛克瓷砖的外形大多比较规则，以方形为主，便于拼贴出各种图案。还有一种与之相似的装饰技术，称为"镶嵌"，同样具有悠久的历史，其特点是采用不规则的各种形状，最初是为了减少浪费，利用一些边角余料进行拼贴，得到随意的镶嵌图案。后来也逐渐被艺术家发展创作，最典型的就是欧洲大教堂里精美的花窗玻璃，同样可以拼贴出具体的形象图案。在现代的建筑室内外装饰中，也被广泛应用，为家居环境增添亮点，如图 7-110 所示。

图 7-110　镶嵌的花窗玻璃

在 Painter 中，也可以在图像文件的基础上，涂绘处理出漂亮的镶嵌图像效果。

上机练习 08：制作镶嵌装饰画

1 执行"文件→打开"命令或按"Ctrl+O"键，打开素材库中的"Reader\Chapter 7\上机练习 08\薰衣草.jpg"文件，如图 7-111 所示。这是一张薰衣草花田的风景照片，我们将在此图像基础上制作镶嵌装饰画效果。

2 在"克隆来源"对话框中按下"打开来源图像"按钮 ，在弹出的菜单中选择要作为克隆源的图像文件，如图 7-112 所示。

图 7-111　打开图像文件　　　　　　　图 7-112　选择克隆源图像

3 执行"效果→特殊效果→马赛克与镶嵌"命令，打开"马赛克与镶嵌"对话框，在"动作"下拉列表中选择"应用瓷砖"，勾选"使用描图纸"复选框，在图像窗口中显示出半透明的源图像，如图 7-113 所示。在"动作"下拉列表中选择"制作镶嵌"选项，显示出其设置选项，如图 7-114 所示。

图 7-113　勾选"使用描图纸"　　　　　图 7-114　选择"制作镶嵌"

4 在图像窗口中的不同位置单击鼠标左键，每单击一次添加一个碎片节点，增加瓷砖的碎片数量，如图 7-115 所示。

图 7-115　添加瓷砖碎片数量

 在图像窗口中按住并拖动鼠标，程序将沿鼠标的拖动轨迹快速地大量增加碎片数量。只是这样添加的瓷砖碎片会过于细小，应根据实际制作需要进行操作，如图 7-116 所示。

图 7-116　拖绘鼠标添加瓷砖

5 在大片的碎片中单击鼠标左键，增加新的碎片。在"瓷砖矢量图像"下拉列表中，可以选择瓷砖拼贴的形状样式。其中，选择"小片"，则根据鼠标所单击位置增加碎片，为默认的碎片形式，如图 7-117 所示。选择"裂缝"，将对碎片进行均化重整，避免出现过大或太细小的碎片，如图 7-118 所示。选择"三角形"，则将所有的碎片转换为三角形进行拼贴，如图 7-119 所示。

图 7-117　"小片"瓷砖样式

图 7-118　"裂缝"瓷砖样式

图 7-119　"三角形"瓷砖样式

 在添加了瓷砖碎片后，单击"添加 500 个节点"按钮，可以一次性在图像中添加 500 个碎片节点，且分布较为均匀，得到大小和形状较为近似的瓷砖拼贴效果，如图 7-120 所示。

图 7-120　添加 500 个节点

6　调整好需要的碎片拼贴效果后，单击"应用"按钮，即可根据添加碎片的裂缝创建拼贴瓷砖效果，如图 7-121 所示。

图 7-121　应用瓷砖拼贴效果

7　单击"确定"按钮，在"克隆来源"面板中单击"切换描图纸"按钮，取消对其的选择，在图像窗口中隐藏原始图像背景，只显示出编辑好的瓷砖拼贴效果。执行"文件→另存为"命令，将文件命名并以 RIFF 文件格式进行保存，完成效果如图 7-122 所示。

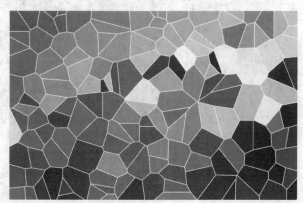

图 7-122　显示瓷砖镶嵌拼贴效果

7.4.8　衍生

应用"衍生"特效命令，可以生成类似雪花、树枝等衍射生长的图案，如图 7-123 所示。

- 硬性边缘：选择该选项，将生成清晰的图案边缘；取消勾选，则生成图案的边缘将显示为柔边效果。
- 不规则片形：勾选该选项，将生成从中心向边缘呈树形衍射生长的不规则图案，如图 7-124 所示。取消勾选，则从中心向外衍射生成相同形状的若干分支，整体呈圆形，如图 7-125 所示。

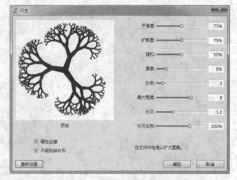

图 7-123　"衍生"对话框

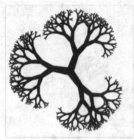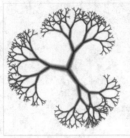

图 7-124　不规则片形图案　　　　　　　　　　　图 7-125　规则片形图案

- 平滑度：用于设置生成分支的衍生程度，数值越大，衍生的分支层级越多，图案复杂；数值越小，则分支越少，图案越简单，如图 7-126 所示。

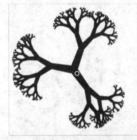

图 7-126　不同平滑度的图案效果

- 扩散度：用于设置衍生图案从中心向末端的边缘扩散程度，数值越大，末端越粗；数值越小，末端越细，如图 7-127 所示。

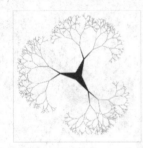

图 7-127　不同扩散度的图案效果

- 随机：用于设置图案衍生的随机程度，数值越大，随机性越大，生成的图案越不规则，如图 7-128 所示。

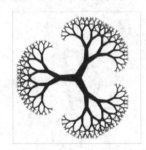

图 7-128　不同随机程度的衍生图案

● 厚度：用于设置衍生图案中心的边缘扩散程度，数值越大，中心根部越粗；数值越小，中心根部越细，如图 7-129 所示。

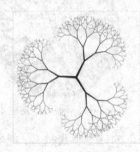  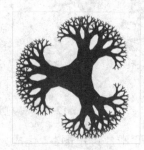

图 7-129　不同厚度的图案效果

● 分支：用于设置从中心生成分支的数量，如图 7-130 所示。

 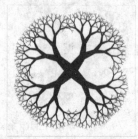 

图 7-130　不同分支数量的图案效果

● 最大程度：用于设置从中心向外衍生分支的层级次数，数值越大，衍生层级越多，如图 7-131 所示。

图 7-131　不同分支层级数的图案效果

● 分叉：用于设置分支上分叉的间隔程度，数值越小，分支夹角越小；数值越大，分支夹角越大，分支间隔越大，如图 7-132 所示。

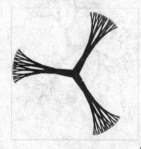  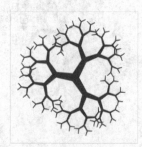

图 7-132　不同分叉间隔的图案效果

- 分叉比例：用于设置末端分叉的最大程度完成比例，数值越大，完成比例越高，衍生层级越完整，分支夹角也越大；数值越小，衍生层级越少，如图 7-133 所示。

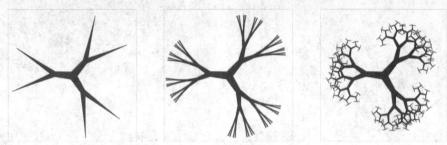

图 7-133 不同分叉比例的图案效果

在对话框中设置好需要的图案效果后，在图像窗口中按住鼠标左键并拖动，即可在释放鼠标后，以鼠标单击位置为中心，鼠标释放位置为半径，创建设置好的衍生图案，如图 7-134 所示。

图 7-134 拖绘出衍生图案

7.4.9 高反差

应用"高反差"特效命令，可以对图像中的亮部和暗部进行相互转化，并通过参数设置调整画面的明暗对比，以及色彩的对比度和饱和度，得到特别的图像处理效果，如图 7-135 所示。

图 7-135 "高反差"对话框与要应用效果的图像

- 高斯：选择该选项并调节下方的"量"滑块，可以调整图形中明暗部分的转换过渡程度，数值越小，明暗反差越大，如图 7-136 所示。

图 7-136　调整明暗对比

- 圆形：选择该选项并调节下方的"量"滑块，可以调整图像中明暗部分的色彩对比度和饱和度，如图 7-137 所示。

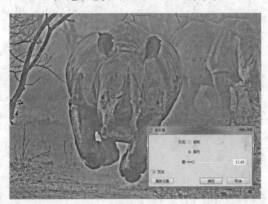

图 7-137　调整色彩对比

7.4.10　迷宫

应用"迷宫"特效命令，可以很方便地创建迷宫地图图案，并通过参数设置调整迷宫地图的图案排布和地图图案的颜色，如图 7-138 所示。

- 颜色：单击对应的颜色块，在弹出的对话框中设置需要的颜色，修改迷宫图案及背景的颜色，如图 7-139 所示。

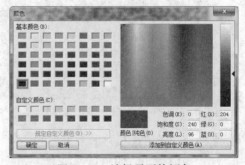

图 7-138　"迷宫"对话框　　　　图 7-139　选择需要的颜色

- 图案：默认情况下，该复选框未被选择，生成的迷宫地图以随机方式排布，如图 7-140
  所示。勾选该复选框后，将以基础图案相似的线条阵列生成迷宫地图，在下方的文本
  框中输入数字 1，则基础图案在水平和垂直方向上进行阵列排布。输入数字 2，则基
  础图案在水平方向上逐行阵列。输入数字 3，则基础图案在垂直方向上逐列排布，如
  图 7-141 示。

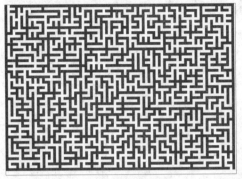

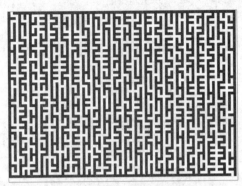

图 7-140　随机排列迷宫　　　　　　　　　　图 7-141　垂直方向逐列排布

- 显示答案：勾选该复选框，将在迷宫地图上以红色线条显示出迷宫答案路径，如
  图 7-142 所示。

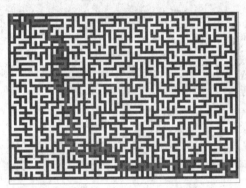

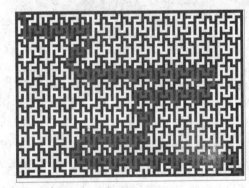

图 7-142　显示迷宫答案

- 种子：在该文本框中输入任意数字，生成新的迷宫布局，如图 7-143 所示。
- 厚度：用于设置迷宫图案的线条宽度，数值越大，线条越粗，迷宫的基础图案越大，
  如图 7-144 所示。

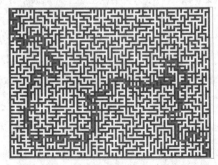

图 7-143　生成新的迷宫布局　　　　　　　　图 7-144　设置迷宫图案线条宽度

7.4.11　画笔自动分布

应用"画笔自动分布"特效命令，可以在图像中用当前所选画笔的笔触样式，生成随机分布笔触点的图案，如图 7-145 所示。

- 重复：设置笔触点的重叠概率。设置数值越高，笔触点的分布相对越规律；数值为 0 时，笔触点完全随机。
- 点：设置生成笔触点的数量，如图 7-146 所示。

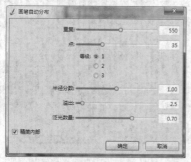

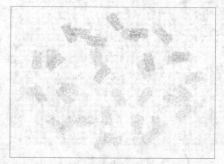

图 7-145　"画笔自动分布"对话框　　　　图 7-146　设置 35 个笔触点的应用效果

- 等级：设置笔触在笔触点的重复涂绘次数，如图 7-147 所示。

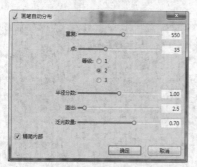

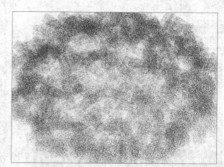

图 7-147　设置重复涂绘次数为 2 的应用效果

- 半径分数：用于设置笔触点分布范围的大小，数值越大，分布范围越大。
- 溢出：该选项与"半径分数"的数值，对所生成笔触点分布范围的大小有相互影响的关系，并且对笔触点分布范围的大小影响更明显，数值越大，对笔触点的范围约束越大，分布范围也就越小。
- 泛光数量：用于设置生成笔触点的光影明暗程度，数值越大，阴影越重，笔触越明显；反之则笔触越淡，直至透明。

7.4.12　流行艺术填充

应用"流行艺术填充"特效命令，可以用指定的填充方式，将图像转换为单色的网点填充效果，如图 7-148 所示。

图 7-148　"高反差"对话框与要应用效果的图像

- 使用：在该下拉列表中选择要应用的填充纹理类型，包括"图像亮度"、"当前渐变"和"图案亮度"，如图 7-149 所示。

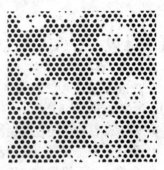

图 7-149　不同填充方式的应用效果

- 比例：设置填充网点的大小，数值越大，网点越大，如图 7-150 所示。

图 7-150　不同网点大小的填充效果

- 对比度：用于设置网点边缘的锐利程度。数值越大越锐利，对比越清晰；数值越小，边缘越模糊柔化，可以显现出下层原始图像，如图 7-151 所示。

图 7-151　设置网点对比度

- 笔尖颜色/背景颜色：可以分别设置网点效果和背景的颜色，如图 7-152 所示。
- 反转颜色：用于切换图像中网点与背景的颜色，如图 7-153 所示。

图 7-152 设置网点与背景颜色　　　　图 7-153 反转网点与背景颜色

7.5 对象

在 Painter 2015 中，"对象"菜单下只有一个"新建投影"命令，用于快速地为指定图层中的图像创建下落式阴影。

- X/Y 偏移：用于设置投影的位置相当于图层中图像左上角的偏移距离。
- 半径：用于设置生成投影的边缘模糊半径。
- 角度：用于设置生成投影的透射方向。
- 不透明度：用于设置生成投影的不透明度。
- 稀薄：用于设置投影的过渡淡化速度。
- 折叠为一个图层：勾选该复选框，则创建的阴影图层将自动与图像图层合并。取消勾选，则在执行应用后，将在"图层"面板自动创建一个图层群组，存放原图像层和创建的投影图层，如图 7-154 所示。

图 7-154 为图像创建投影

7.6 课后习题

一、选择题

1. 通过应用（　　）命令，可以将图像中选定的颜色改变为另外的颜色，其他颜色不受影响。

　　A. 校正颜色　　　　　　　　　　B. 调整选择的颜色

　　C. 调整颜色　　　　　　　　　　D. 色调分离

2. 应用（　　）命令，可以得到如图 7-155 所示的图像变化效果。

A. 表现材质　　　　B. 图像扭曲　　　C. 快速扭曲　　　D. 玻璃折射扭曲

图 7-155　图像变化效果

3. 应用（　　）命令，可以得到如图 7-156 所示的图像处理效果。

A. 反转负片　　　　B. 木刻画　　　　C. 拓印　　　　D. 素描

图 7-156　图像处理效果

二、操作题

应用本章中学习的图像编辑功能，编辑制作如图 7-157 所示的马赛克装饰画效果。

图 7-157　马赛克图像处理效果

第8章　选区、矢量图形与文本编辑

 学习要点

➢ 熟练掌握各个选区绘制、编辑工具的使用方法
➢ 掌握矢量图形的绘制、填充与编辑设置的操作方法
➢ 掌握使用文字工具输入文字、通过属性面板和"文字"面板设置文本对象的样式和效果的方法

8.1　选区工具的使用

在 Painter 中进行绘图与图像编辑时，常常需要在选区的基础上进行。例如，要对图像中的局部区域进行涂绘、应用特效或进行色彩调节时，就需要将这部分区域创建为选区。掌握各种选区创建和编辑调整的方法，也是使用 Painter 的一项基础技能。

8.1.1　矩形选区

在工具箱中选择"矩形选区"工具▣，然后在图像窗口中按下鼠标左键并拖动，释放鼠标后即可创建一个新的矩形选区，如图 8-1 所示。如果当前图像中存在选区，那么新创建的选区将替换原来的选区，如图 8-2 所示。

图 8-1　绘制矩形选区　　　　　　　　　　图 8-2　绘制新选区

在图像窗口中创建选区后，将鼠标移动到选区内，鼠标光标改变形状为✛，此时按住并拖动鼠标，即可对该选区进行移动，如图 8-3 所示。

图 8-3　移动选区

不需要选区时，在图像窗口中选区以外的区域单击一下鼠标左键，或者按 "Ctrl+D"键，可取消当前图像窗口中的所有选区。

8.1.2 椭圆选区

在工具箱中的"矩形选区"工具上按住鼠标左键不放，在展开的工具组中选择"椭圆选区"工具 ，在图像窗口中按下鼠标左键并拖动，即可创建出椭圆形选区，如图 8-4 所示。

> **TIPS** 在使用"矩形选区"工具□或"椭圆选区"工具◯绘制选区的过程中，按"Shift"键，可以创建正方形或圆形的选区。

8.1.3 套索选区

"套索选区"工具◯用于以徒手绘制的方式创建不规则形状的选区。选择边缘的准确度，取决于用户使用此工具的熟练程度。在工具箱中选择该工具后，在需要选择的图像边缘按下鼠标左键不放，然后沿图像边缘拖动鼠标，在圈选了需要的区域后释放鼠标，即可创建选区，如图 8-5 所示。

图 8-4　绘制椭圆选区

图 8-5　使用套索选区工具绘制选区

8.1.4 多边形选区

使用"多边形选区"工具 创建选区时，通过在鼠标前后单击的位置创建选区连线，直至形成闭合的选区，或在任意位置双击鼠标结束选区的创建，适用于选择具有直边外形的图像，如图 8-6 所示。

图 8-6　创建多边形选区

8.1.5 魔术棒

魔棒工具是在图像中相近的色彩范围上创建选区，使用该工具可以选择图像中颜色相同或相近的区域。用户只需要使用"魔棒工具" 在需要创建选区的图像区域上单击，系统就会自动将与单击点颜色相近的色彩范围创建为选区。

选择"魔术棒"工具 后，可以通过属性栏中的选项，对其在图像中创建选区的属性进行设置，如图 8-7 所示。

图 8-7 选择"魔术棒"工具时的属性栏

- （容差度）：用于设置颜色范围的误差值，取值范围为 0～255 之间，默认值为 32。输入的数值越小，选择的区域范围也就越小；输入的数值越大，选择的区域范围就会越大。图 8-8 所示为容差值为 10 时的选择效果，图 8-9 所示为容差值为 50 时的选择效果。

图 8-8 容差为 10 时的选择效果

图 8-9 容差为 50 时的选择效果

- （反锯齿补偿）：按下该按钮，所创建的选区边缘将被强制进行反锯齿处理，选区的边缘也更平滑。取消选择，则在容差度范围内的所有相同颜色像素都会被选择，非直线的选区边缘会有明显锯齿。
- （相邻）：选择此项时，只有位置相邻且颜色相近的区域才会被选择，如图 8-10 所示。不选择此项时，图像中所有颜色相近的区域都会被选择，如图 8-11 所示。

图 8-10 选择"相邻"选项的选择效果

图 8-11 未选择"相邻"选项的选择效果

8.1.6 选区的调整编辑

在图像窗口中创建了选区后，选择工具箱中的"选区调整工具" ，选区的边缘即显示出 8 个控制点，形成一个控制框。将鼠标移动到控制框四边中间的控制点上，在光标变为 或 形状时按住并拖动鼠标，可以对选区进行水平或垂直方向的缩放，如图 8-12 所示。

图 8-12 在垂直方向上缩放选区

将鼠标光标移动到控制框四角的控制点上，在光标变为 形状时按住并拖动鼠标，可以同时在水平和垂直方向对选区进行缩放，如图 8-13 所示。

图 8-13 缩放选区

将鼠标光标移动到控制框四角的控制点上并按住"Ctrl"键，当光标变为 形状时按住并拖动鼠标，可以对选区进行旋转，如图 8-14 所示。

图 8-14 旋转选区

将鼠标光标移动到控制框四边的控制点上并按住"Ctrl"键，当光标变为 形状时按住并拖动鼠标，可以对选区进行倾斜，如图 8-15 所示。

图 8-15　倾斜选区

在图像窗口中存在选区时，按下选区工具在属性栏中的"添加到选区"按钮 ，然后在图像窗口中继续创建选区，即可以累积的形式在图像中创建多个选区，如图 8-16 所示。

图 8-16　在原选区添加新选区

在图像窗口中存在选区时，按下选区工具在属性栏中的"从选区减去" 按钮，然后在图像窗口中继续创建选区，即可从原选区中将新绘制选区与之重叠部分减去，如图 8-17 所示。

图 8-17　从原选区减去新选区

在使用矩形选区工具、椭圆选区工具、套索选区工具、多边形选区工具和魔棒工具创建选区时，按住"Shift"键，可以在原有选区的基础上建立新的选区，也可以在原有选区的基础上添加新的选择范围。在按住"Alt"键的同时，在原有选区的基础上绘制新的选区，也可达到从选区减去的效果；如果新绘制的选区与原选区没有重合，则选区不会有任何变化。

8.1.7　转换选区为矢量图形

Painter 支持矢量图像的绘制与编辑。在创建选区后，可以通过按下选区工具属性栏中的

"转换为矢量图形"按钮 ⚠️ ，将选区转换为以当前矢量绘图工具的填充色填充的矢量图形，并在"图层面板"中自动创建对应的矢量图形图层，如图 8-18 所示。

图 8-18　将选区转换为矢量图形

8.2　矢量图形的绘制与编辑

矢量图形是基于路径曲线构成的数字图形，不具有像素大小的属性，具有易于造型、边缘清晰、无损缩放的优点，是主流图形图像编辑软件都支持的绘图功能。在 Painter 中，在"图层"面板中以图层的方式保存矢量图形对象，具有和一般位图图层通用的图层属性和操作方法，也可以根据需要，将编辑好形状的矢量图层转换为位图图层或选区。在学习矢量图形的绘制与编辑之前，先来认识一下路径对象的各部分组成，如图 8-19 所示。

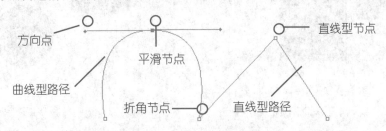

图 8-19　认识路径

路径由节点和路径线组成，具有点、线和方向的属性。路径可分为闭合路径和开放路径，闭合路径没有起始点或终点，而开放路径具有明显的起始点和终点。直线型路径的节点没有控制柄，在节点的两端为直线段。曲线型路径的节点可分为平滑节点和折角节点。平滑节点的两端有两个处于同一直线上的控制柄，这两个控制柄之间是互相关联的，拖动其中一个控制柄上的方向点，另一个控制柄会向相反的方向移动，此时路径曲线也会随之发生相应的改变，如图 8-20 所示。

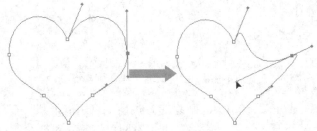

图 8-20　平滑节点

折角型节点虽然也有两个控制柄，但它们之间是互相独立的，当拖动其中一个控制柄的方向点时，另一个控制柄不会发生改变，只有被拖动一边的路径曲线会发生改变，如图 8-21 所示。

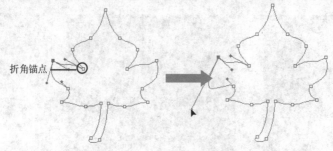

折角锚点

图 8-21　折角型节点

8.2.1　绘制矢量图形

Painter 2015 提供了 4 个矢量绘图工具，它们的功能和使用方法如下。

● ■（矩形矢量图形）：用于绘制矩形的矢量图形，在按住"Shift"键的同时，可以画出正方形的矢量图形，如图 8-22 所示。

● ●（椭圆矢量图形）：用于绘制椭圆形的矢量图形，在按住"Shift"键的同时，可以画出圆形的矢量图形，如图 8-23 所示。

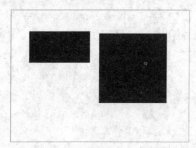
图 8-22　绘制矩形矢量图形

图 8-23　绘制椭圆形矢量图形

● ✐（钢笔）：使用"钢笔"工具在图像窗口中每单击一次即创建一个路径节点，新的节点自动连接前一节点形成路径。在按下鼠标左键创建节点时拖动鼠标，可以生成弯曲的曲线路径，如图 8-24 所示。在绘制好需要的路径形状时，将光标移动到路径的起始点上并单击，即可生成封闭路径，并以当前的矢量图形填充色自动填充。

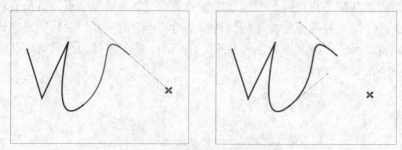
图 8-24　使用钢笔工具绘制路径

● ∿（快速曲线）：该工具用于以手绘的方式绘制自由的形状，在释放鼠标后自动创建路径，如图 8-25 所示。与"钢笔"工具不同，该工具不能绘制自动封闭的路径。

图 8-25 绘制自由形状的路径

8.2.2 填充矢量图形

默认情况下，矢量图形的轮廓颜色和填充颜色都是黑色，且只开启路径轮廓的颜色。可以通过单击属性栏中的"切换轮廓颜色"■、"切换填充颜色"■来设置切换轮廓和内容的颜色，当这两个图标显示为蓝色高亮状态时（■、■），表示应用对应的填充。按下"选择轮廓颜色"或"选择填充颜色"图标■，在弹出的色表中选择需要的颜色，然后进行矢量图形的绘画即可，如图 8-26 所示。

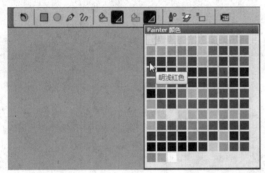 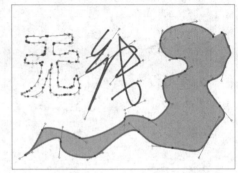

图 8-26 矢量图像的颜色设置应用

8.2.3 编辑矢量图形

通过 Painter 提供的矢量图形的编辑操作工具，可以很方便地选择对象、剪切路径、增加或删除路径节点、转换节点类型以及转换矢量图形为图层或选区等操作。

- � （矢量图形选择）：用于选择后移动矢量图形对象。选择曲线路径上的一个或多个节点后，可以通过移动节点来改变路径形状。选择路径上两个节点之间的路径线段，可以拖动该段路径进而改变路径形状。选择一个平滑节点或折角节点后，可以通过拖动控制柄上的方向点来改变路径曲线，如图 8-27 所示。

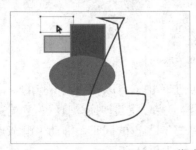 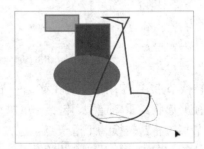

图 8-27 移动图形和修改路径

- ✂ (剪刀)：用于剪断路径上的节点，将路径分为两段，如图 8-28 所示。对填充了颜色的封闭路径进行操作时，可以从剪断位置将路径断开，并且图形的填充色将消失。

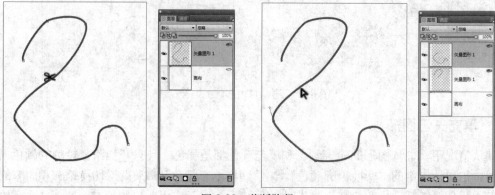

图 8-28　剪断路径

- ✐ (添加节点)：在路径上单击，添加节点，以便满足调整路径形状的需要，如图 8-29 所示。

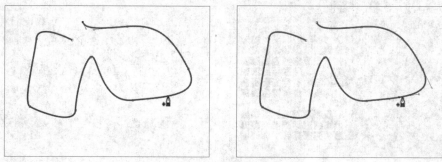

图 8-29　添加节点

- ✐ (删除节点)：在节点上单击，删除该节点，以改变路径曲线的形状，如图 8-30 所示。

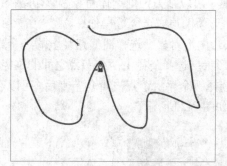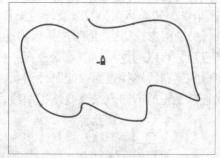

图 8-30　删除节点

- ✐ (转换节点)：使用该工具在路径的节点上单击，可以转换该节点的类型，从而改变路径的形状或重新造型，包括：单击平滑节点，将其转换为直线型；单击直线或折角型节点，将其转换为平滑节点；在按住 "Ctrl" 键的同时，拖动平滑节点两端任一控制柄的方向点，将其转换为折角节点，如图 8-31 所示。

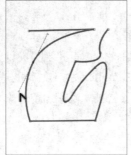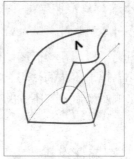

图 8-31　转换节点类型

● （封闭矢量图形）：选择未封闭的路径曲线后，按下该按钮，可以自动连接路径的首尾节点，形成封闭的矢量图形，如图 8-32 所示。

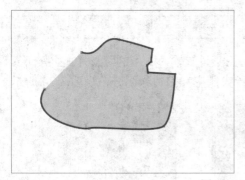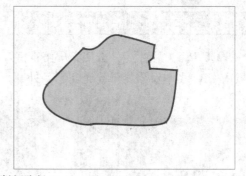

图 8-32　封闭路径

● （转换为图层）：按下该按钮，将选择的矢量图形转换为一般的位图图层，不再具有矢量属性。

● （转换为选区）：按下该按钮，将选择的矢量图形转换为选区，同时取消该矢量图层。

● （打开矢量图形属性对话框）：选择矢量图形对象后，在按下该按钮打开的"矢量图形属性"对话框中，可以通过对应的选项设置，对所选矢量图形的属性进行修改，包括轮廓线的颜色、宽度、不透明度、路径端点和转角的样式，以及填充色、填充类型、填充色的不透明度等，如图 8-33 所示。

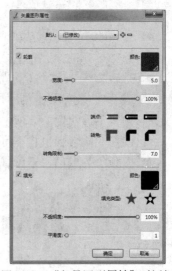

图 8-33　"矢量图形属性"对话框

在"图层"面板中的矢量图形图层上双击鼠标左键，也可以快速打开"矢量图形属性"对话框，对该图层中矢量图形的属性效果进行设置。

8.3 文本的编辑

文字是信息传播的重要手段，在平面图像创作中也是重要的设计元素，恰当巧妙地编排应用，可以为设计作品起到锦上添花的作用。在 Painter 中，文本也是具有矢量图形的属性，可以任意缩放大小而不影响图像质量，不同的是，文本不是路径对象，不能对其进行路径曲线的编辑操作。

8.3.1 文本的输入与基本属性设置

在工具箱中选择"文字"工具**T**后，在图像窗口中单击，程序即显示出文本输入框并自动创建文字图层。输入内容后，可以通过属性栏对文本对象进行文字属性和显示效果的设置（也可以先设置好文本属性再输入文字）。

- T T T （无阴影/外部阴影/内部阴影）：用于设置输入文本的阴影样式，按下对应的按钮，文本对象显示为无阴影、外部下投式阴影和内边缘阴影，如图 8-34 所示。

15 15 15

图 8-34　文字的无阴影、外部阴影、内部阴影效果

- Andalus ▼ （字体）：在该下拉列表中，为输入的文字选择需要的字体。
- T （字号）：设置输入文字的字号大小。
- ≡ ≡ ≡ （靠左对齐/居中对齐/靠右对齐）：设置文本对象的对齐方式。
- T T （文字属性/阴影属性）：按下"文字属性"按钮，可以在后方的"选择颜色"和"不透明度"选项中设置文字的颜色和不透明度（当文字的"不透明度"为 0 时，设置的阴影影也将不可见）。按下"阴影属性"按钮，可以设置阴影的不透明度（阴影颜色为黑色，不可修改），如图 8-35 所示。

Painter Painter

图 8-35　设置文字和阴影的不透明度

- 默认 ▼ （合成方式）：同样用于分别设置文字及其阴影与下层图像的合成方式，如图 8-36 所示。

图 8-36　设置文字和阴影的图层合成方式

8.3.2　通过文字面板设置文本属性

执行"窗口→文字工具"命令，可以在打开的"文字"对话框中对文本对象的属性和效果进行详细的设置，如图 8-37 所示。

- （字距）：用于设置文本对象中字符之间的距离。数值为负数时，间距减小，数值为正时，间距增大，如图 8-38 所示。

图 8-37　"文字"面板　　　　　　　　图 8-38　不同字距的文本效果

- （行距）：用于设置有段落的文本对象的行间距。数值小于 100% 时，间距减小；数值大于 100% 时，间距增大，如图 8-39 所示。

图 8-39　不同行距的文本效果

- （曲线样式）：选择对应的样式按钮，为文本对象设置沿路径曲线排列的效果，包括扁平曲线、带状曲线、垂直曲线和延展曲线。应用其曲线排列效果后，可以使用"矢量图形选择"工具对曲线的形状进行调整，以改变文本沿曲线排列的变化效果。
- （带状曲线）：文本整体沿曲线排列，如图 8-40 所示。

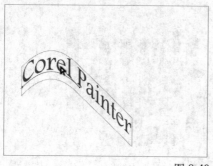

图 8-40　带状曲线

- （垂直曲线）：文本沿曲线排列，每个字符分别垂直于曲线，如图 8-41 所示。

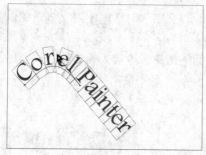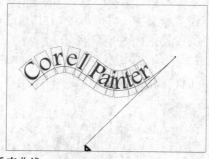

图 8-41　垂直曲线

- （延展曲线）：文本沿曲线排列，每个字符根据所在位置的曲线形状发生对应的弯曲变形，如图 8-42 所示。

图 8-42　延展曲线

- **T**（起点）：在应用了曲线排列效果后，通过此选项设置文字内容在路径上的起点位置，如图 8-43 所示。

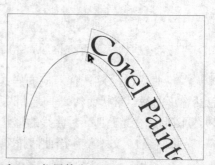

图 8-43　起点在路径上 15% 和 60% 位置的应用效果

- ⬛ (模糊)：在按下"文字属性"或"阴影属性"按钮后，通过此选项设置文字或阴影的模糊程度，如图 8-44 所示。

图 8-44　无模糊、文字模糊和阴影模糊效果

- ⬛ (方向性模糊)：勾选"文字"面板底部的"方向性模糊"复选框后，可以通过此选项，为应用了模糊效果的文字或阴影设置动感模糊的方向角度，如图 8-45 所示。

图 8-45　模糊无动感、0°和 145°模糊效果

上机练习 09　绘制矢量插画

1　新建一个空白的图像文件，下面以绘制孙悟空的形象为主体，制作一个贺卡插画。在工具箱中选择"钢笔"工具 ✎，然后在属性栏中设置轮廓色为"淡紫红"，填充色为"深茜红色"；在图像窗口中绘制出孙悟空的头发外形，如图 8-46 所示。

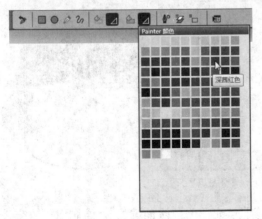

图 8-46　绘制头发外形

2　配合使用"矢量图形选择" ▷ 工具和"转换节点"工具 ✎，对绘制图形的路径进行调整，得到相对准确的头发外形，如图 8-47 所示。

图 8-47 调整路径外形

3 选择"钢笔"工具，在属性栏中修改填充色为"那不勒斯黄色"，绘制出孙悟空的脸部外形，并利用"矢量图形选择"工具和"转换节点"工具调整好路径形状，如图 8-48 所示。

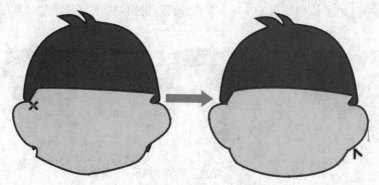

图 8-48 绘制脸部外形并调整形状

4 在"图层"面板中将脸部外形的矢量图层移动到头发外形的下一层，如图 8-49 所示。

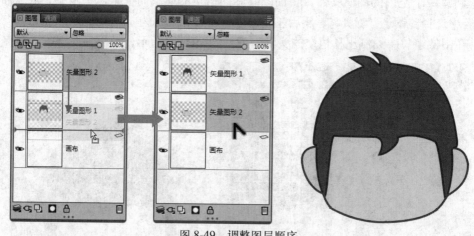

图 8-49 调整图层顺序

5 选择"钢笔"工具，在属性栏中修改填充色为"淡镉黄色"，绘制出孙悟空头上金箍的外形，配合使用"矢量图形选择"工具和"转换节点"工具，调整好其路径形状，如图 8-50 所示。

图 8-50　绘制金箍

6　选择"钢笔"工具，在属性栏中修改填充色为"红色镉"，绘制出孙悟空面颊的外形，配合使用"矢量图形选择"工具和"转换节点"工具，调整好其路径形状，如图 8-51 所示。

图 8-51　绘制面颊

7　选择"椭圆矢量图形" ⬤，单击属性栏中的"切换轮廓颜色"按钮 ，取消轮廓填色，设置填充色为白色，然后在按住"Shift"键的同时，在面颊一边绘制出一个圆形作为眼圈轮廓，如图 8-52 所示。

8　修改填充色为黑色，在按住"Shift"键的同时，在眼圈轮廓中绘制出眼珠；再修改填充色为白色，在黑色的眼珠左上角绘制出一个小的圆形，作为亮光，如图 8-53 所示。

图 8-52　绘制眼圈

图 8-53　绘制眼珠

9　在"图层"面板中选择三个椭圆图形的图层并按"Ctrl+G"键，对它们进行群组。在

其上单击鼠标右键并选择"复制图层"命令，对其进行复制，得到一个新的眼睛图层组，如图 8-54 所示。

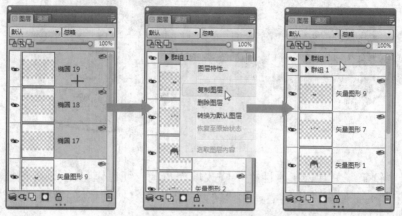

图 8-54　群组并复制图层组

10 在图像窗口中，将复制得到的眼睛移动到另一边合适的位置，如图 8-55 所示。

11 参考上面的绘画编辑方法，将孙悟空的形象绘制完成，如图 8-56 所示（为便于快速准确地区分"图层"面板中的矢量图层，可以对它们分别进行命名）。

图 8-55　移动眼睛　　　　　　　　　　图 8-56　完成形象绘制

12 在工具箱中选择"文字"工具 T，设置文字颜色为暗红色，字体为"方正超粗黑简体"，在图像窗口中输入主题文字，并设置好字体、行距、阴影效果等参数，如图 8-57 所示。

图 8-57 输入主题文字

13 对文字图层进行一次复制，然后稍微向左下方移动一点距离。修改其填充色为"透明黄色"，设置其合成方式为"叠加"，与之前的文字合成出图像变化效果，完成实例的制作，如图 8-58 所示。

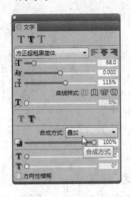

图 8-58 复制文字并设置合成效果

8.4 课后习题

选择题

1. 使用 （   ） 工具，可以在图像窗口中以徒手绘制的方式创建不规则形状的选区。

    A. 矩形选区　　　　　B. 椭圆选区　　　　　C. 套索选区　　　　　D. 多边形选区

2. 使用选区工具创建选区后，按下属性栏中的 （   ） 按钮，可以将选区转换为以当前矢量绘图工具的填充色填充的矢量图形。

    A. ◑　　　　　　　B. 🦽　　　　　　　C. 🖼　　　　　　　D. 🖼

3. 需要在"文字"面板中应用 （   ） 文字样式，才能编辑出如图 8-59 所示的曲线排列效果。

    A. 扁平曲线　　　　　B. 带状曲线　　　　　C. 垂直曲线　　　　　D. 延展曲线

图 8-59 文字排列效果

第9章 脚本动作的应用与编辑

 学习要点

➤ 了解并掌握脚本的功能和创建、应用的方法
➤ 掌握将脚本转换为动画的方法

9.1 脚本的应用

在 Painter 中，可以将一系列的绘画过程录制为动作脚本并保存，在新建的图像窗口中直接播放执行，可以快速地自动绘制出所录制的绘画图像，方便展现绘画过程，以及在需要时快速完成同一内容的重复绘画。

在 Painter 中进行脚本的应用与编辑操作，主要通过"脚本"面板来完成，如图 9-1 所示。

● 脚本预览框：显示了在"脚本列表框"中当前所选脚本的绘画完成效果。
● ■（停止脚本播放）：单击该按钮，停止播放脚本。
● ▶（播放脚本）：单击该按钮，在当前图像窗口中播放应用选择的脚本。
● ●（录制新脚本）：单击该按钮，开始录制新脚本，记录绘画操作。需要结束录制时，再次单击该按钮即可。
● ❙❙（暂停播放脚本）：单击该按钮，暂停正在播放应用的脚本。再次单击该按钮可继续。利用此功能，可以在不同的图像窗口中分段播放脚本，以及应用需要的部分绘画过程。
● （新建新脚本）：与"录制新脚本"●功能相同。
● （导入脚本）：按下该按钮，打开"导入脚本"对话框，选择外部脚本文件，导入到 Painter 中使用。
● （输出当前选择的脚本）：按下该按钮，打开"输出脚本"对话框，将当前选择的脚本保存为脚本文件，如图 9-2 所示。

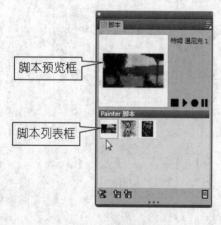

图 9-1 "脚本"面板

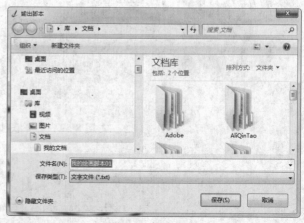

图 9-2 输出脚本

-  （删除当前选择的脚本）：按下该按钮，在弹出的对话框中单击"确定"按钮，可以删除当前选择的脚本，如图 9-3 所示。

在脚本列表中的脚本图标上单击鼠标右键，可以在弹出的命令菜单中选择对该脚本进行隐藏、重命名及删除的操作，如图 9-4 所示。

单击"脚本"面板右上角的扩展按钮，可以在弹出的菜单中选择命令，进行对应的脚本相关编辑设置，如图 9-5 所示。

图 9-3　删除脚本

图 9-4　右键菜单

图 9-5　扩展命令菜单

- 应用脚本到动画：通过"动画→新建动画"命令，创建一个.FRM 的 Painter 动画影片文件后，可以通过执行此命令，将脚本中记录的绘画过程应用到创建的动画影片中。
- 脚本材质库试图：在该命令的子菜单中选择对应的命令，可以对脚本列表中图标的大小、列表形式进行选择，以及为脚本更换自定义图标、重命名、显示被隐藏的脚本对象等操作。
- 新建脚本材质库：执行该命令，可以在脚本列表中新建一个脚本材质库，存放用户创建的脚本。如果在新建之前选择了一个脚本对象，该脚本将会被自动复制到新建的脚本材质库中，如图 9-6 所示。

图 9-6　新建脚本材质库

● 恢复默认脚本材质库：执行该命令，将删除创建并保存在 Painter 默认脚本材质库中的脚本，恢复为默认的三个动作脚本。

 上机练习 10　录制绘画脚本

1　执行"文件→新建文件"命令，新建一个空白的图像文件。在"脚本"面板中按下"录制新脚本"按钮●，如图 9-7 所示。

图 9-7　录制新脚本

2　图像窗口打开后，在"画笔选择器"中选择"丙烯画笔→分叉鬃毛笔"，设置画笔大小为 6，主颜色为深褐色，然后在图像窗口中绘画出一个卡通的人物头像轮廓，如图 9-8 所示。

3　选择"丙烯画笔→干画笔 30"，设置主颜色为深灰色，在卡通人像上涂绘头发效果，如图 9-9 所示。

图 9-8　绘画轮廓　　　　　　　　　　　　　　　　图 9-9　涂绘头发

4　在"脚本"面板中再次单击"录制新脚本"按钮●，在弹出的对话框中为录制完成的绘画脚本命名，如图 9-10 所示。

图 9-10　为脚本命名

5　选择新创建的脚本对象，单击"输出当前选择的脚本"按钮，将该脚本导出到对应的文件目录，单击"保存"按钮，完成输出，如图 9-11 所示。

图 9-11　输出脚本

6　关闭完成绘画的图像窗口，单击"脚本"面板中新创建的脚本，对其记录的绘画脚本进行播放应用，即可查看到自动完成绘画的完成过程。

9.2　将脚本转换为动画

脚本本身就是对绘画过程的动作记录，可以根据需要将其播放并创建为动画影片。

1　在"脚本"面板中，按下"导入脚本"按钮，导入准备好的脚本文件，如图 9-12 所示。

图 9-12　导入脚本

2　新建一个空白文件；单击"脚本"面板右上角的扩展按钮并选择"脚本选项"命令，在打开的对话框中勾选"播放时保存帧"选项，然后在前面的文本框中输入合适的数值，例如，输入 10，表示将脚本记录的绘画过程的每 10/10 秒（即 1 秒）生成一帧，如图 9-13 所示。输入的数值越小，生成的动画帧数越多，动画也就越流畅，但生成的文件也会越大。

图 9-13　设置脚本选项

3 单击"确定"按钮，回到"脚本"面板中，选择导入的脚本并按下"播放脚本"按钮▶，在弹出的对话框中为自动创建的.FRM 文件设置保存位置和文件名，单击"保存"按钮，在弹出的"打开帧重叠"对话框中根据需要设置洋葱皮图层的数量和图像类型，如图 9-14 所示。

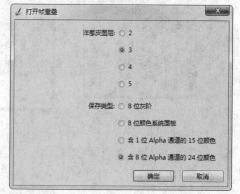

图 9-14　设置动画影片创建属性

4 单击"确定"按钮，程序即自动应用所选的脚本创建动画影片。创建完成后，可以通过动画控制面板中播放控制按钮，查看完成的动画效果，如图 9-15 所示。

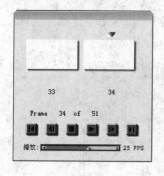

图 9-15　创建的动画影片

9.3　课后习题

操作题

自行绘制一个完整的作品并将其过程创建为脚本。

第 10 章　绘画创作实例

10.1　素描石膏像——朱利亚诺

在现代美术绘画中，素描是不可缺少的基础入门课程。石膏人像素描，也是素描绘画学习中重要的环节。本实例利用 Painter 提供的铅笔画笔，以最简单的黑白灰色调练习进行艺术绘画的基本功：通过线条的变化来表现明暗与体积关系，并逐渐熟练掌握使用手绘笔在电脑上进行绘画的操作方法，如图 10-1 所示。

图 10-1　石膏静物照片与绘画完成效果

操作步骤

1　按"Ctrl+N"键，新建一个图像文件，如图 10-2 所示。

2　在"画笔选择器"中选择"铅笔→颗粒铅笔 3"，以更好地呈现实际的铅笔笔触质感。设置主颜色为浅灰色，绘制大体的轮廓，如图 10-3 所示。

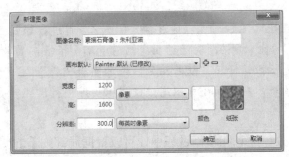

图 10-2　新建图像

图 10-3　设置主颜色

3　在"图层"面板中新建一个图层，然后用画笔勾画出石膏像的结构轮廓，如图 10-4 所示。

图 10-4　新建图层并勾画轮廓

4　新建一个图层 2，参考图层 1 中画好的结构轮廓，以实际使用铅笔进行素描绘画的方式，继续使用"颗粒铅笔 3"逐步绘制出较为清晰准确的轮廓边缘，并表现出大致的明暗体积感，然后隐藏图层 1 的显示，如图 10-5 所示。

图 10-5　绘制轮廓与明暗关系

　在绘画过程中，对于一些不理想的笔触，可以通过按"Ctrl+Z"键进行撤销，然后重新绘画，这便是电脑绘图的优点所在。对于绘画完后感觉不是很准确的效果，也不必太多地停留在该环节进行撤销修正，随着铅笔线条的逐渐铺展堆砌，可以逐渐调整画面的细节和整体效果，在后面还可以通过使用橡皮擦进行清理、淡化等处理，以得到更完善的效果。

5　完善明暗关系的细化和细节部分，注意在绘画过程中，可以根据局部细节的明暗差异，适当调整笔触大小、加深或减淡笔触的灰度颜色再进行绘画，以得到更合适的笔触效果，如图 10-6 所示。

6　选择"橡皮擦"工具 ，设置合适的笔触大小和不透明度，对轮廓边缘多余的线头、不准确的部分进行清除，对主体上线条局部明暗不均的部分进行调整，如图 10-7 所示。

图 10-6　确定总明暗关系

图 10-7　清理并调整线条

　　7　设置较深的灰色，在头像上光线较暗的部分进行着力加深，绘制出较为明显的轮廓深度，开始准备进行暗部细节的刻画，如图 10-8 所示。

　　8　对暗部细节进行初步的细化描绘，逐渐表现出对比更清晰的立体感，如图 10-9 所示。

图 10-8　加深暗部边缘

图 10-9　细化暗部

　　9　设置较淡的灰色，对头像上的中间调部分进行描绘表现，如图 10-10 所示。

　　*10*设置更淡的灰色，修改笔触大小为 1，对头像上的高光部分进行细密的平铺涂绘，使画出的石膏质感均匀，如图 10-11 所示。

　　*11*根据各部分的实际明暗变化和体积形状，调整画笔大小和颜色，对各部分的细节进行补充完善，如图 10-12 所示。

　　*12*选择“橡皮擦”工具 ✐，设置合适的笔触大小和不透明度，对高光部分进行擦除提亮，对需要淡化的部分进行减淡，对多余的不合适线条进行清除，如图 10-13 所示。

图 10-10　描绘中间调

图 10-11　描绘亮部

图 10-12　调整细节

图 10-13　清理线条

    13 使用"颗粒铅笔",设置笔触大小为 1,对清理线条后的石膏像图画进行最后的细节完善,得到更完善的效果,如图 10-14 所示。

    14 在石膏像的右下方涂绘出投影笔触,完成绘画,如图 10-15 所示。

图 10-14　完善细节

图 10-15　涂绘投影

10.2　艺术化克隆——人像油画

利用 Painter 2015 提供的克隆画笔，可以很方便地基于照片图像创作手绘作品。在克隆绘画过程中，先要考虑好需要的绘画艺术风格，然后选择合适的画笔样式进行绘画。在进行细节的表现刻画时，可以通过修改画笔大小、不透明度以及画笔的其他属性来进行配合，以得到更细腻逼真的手绘效果。本实例以一张小女孩的照片作为克隆对象，利用多种克隆画笔，绘制出手绘肖像油画的作品效果，如图 10-16 所示。

图 10-16　照片源图与克隆绘画效果

操作步骤

1　在素材库中打开为本实例准备的照片素材文件，然后新建一个尺寸略大（1600×1700 像素）的图像文件，如图 10-17 所示。

图 10-17　素材图像与新建的文件

2　在工具箱中选择"克隆笔"工具 ，"画笔选择器"将自动切换为克隆笔，选择"油性鬃毛克隆笔 15"后，在"颜色"面板中按下"克隆颜色"按钮 ，将以被克隆图像中基准点的像素颜色作为涂绘笔刷的实时颜色，如图 10-18 所示。

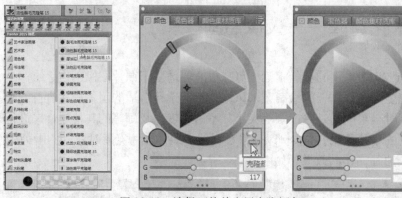

图 10-18　选择画笔并应用克隆颜色

3 将鼠标移动到源图像窗口中，在需要克隆的起始位置（如小女孩的鼻尖上）按住 Alt 键并单击鼠标左键，确定克隆基准点的位置，如图 10-19 所示。

图 10-19　确定克隆基准点

　在选择克隆画笔的状态下，源图像窗口处于激活状态时，按下"Alt"键即可显示出基准点的位置。在绘画过程中，更换了画笔后，新画笔的克隆基准点可能会发生变化，就需要对其进行校正调整：在按住"Alt"键的同时，用鼠标靠近基准点，在鼠标光标改变为箭头形状时，可以按住并拖动基准点，调整到需要的位置。

4 在新建的绘画图像窗口中，参考源图像中基准点的相对位置，在同样的位置按下鼠标并进行拖绘，即可看见源图像窗口中克隆位置的同步移动，在绘画图像窗口中实时以当前画笔的笔触样式对源图像进行复制，如图 10-20 所示。

图 10-20　开始进行克隆绘画

5 调整合适的画笔大小，逐步将小女孩的身体主体涂绘出来，如图 10-21 所示。注意绘画时的笔触方向，应参考源图像中的同步提示，根据图像的实际内容进行调整。

图 10-21 涂绘人物主体

6 选择"克隆笔→沾染驼毛克隆笔",设置画笔大小为 35,以绘画短笔触的方式,在图像窗口中将背景涂绘出来,如图 10-22 所示。

图 10-22 涂绘背景

7 使用油性鬃毛克隆笔,设置较小的笔触尺寸,对人物的头部细节进行刻画。在涂绘头发时,注意笔触的方向应与人物头发的实际曲线方向协调一致,以得到更逼真的效果,如图 10-23 所示。

图 10-23 刻画头部细节

8 调整合适的笔触大小,对人物的身体进行细化描绘,清理笔触方向不合理、笔触飞白的问题,如图 10-24 所示。

9 选择沾染驼毛克隆笔,设置合适的笔触大小,对画面背景进行细化描绘,如图 10-25 所示。

图 10-24 刻画人物细节

图 10-25 完善背景画面

对其他需要调整的细节进行完善，按"Ctrl+S"键保存文件。

10.3 水粉静物——桌上的白菊

水粉静物写生是美术专业的必修基础课程，通过实践学习，可以了解并掌握色彩绘画的基本技能，提高色彩审美能力。在 Painter 2015 中，利用提供的水粉类仿真画笔，配合其他画笔工具，可以很方便地进行水粉绘画的电脑绘图表现，得到逼真的水粉画质感。本实例以一个桌面静物画面作为绘画内容，介绍在 Painter 中进行水粉静物写生绘画的基本技法，如图 10-26 所示。

图 10-26 静物照片与绘画完成效果

1 在素材库中打开为本实例准备的照片素材文件，然后新建一个相同尺寸（750×600像素）的图像文件，设置分辨率为300，然后选择绘画应用的纸张为"粗糙碳化纸"，以得到更逼真的水粉绘画纹理，如图 10-27 所示。

2 选择"水粉笔→不透明细节画笔 5"画笔变量，设置画笔大小为2。新建一个图像图层并命名为"轮廓"，参考静物照片，以单色勾画出画面中各物体的位置、形状、比例和结构关系，如图 10-28 所示。

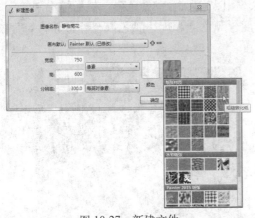

图 10-27　新建文件

图 10-28　绘画结构轮廓

在现实绘画中绘制水粉画的结构时，主要以确定位置和形态参考为目的，绘画通常不必精确仔细，避免与后面绘画的颜料发生过多相互影响。在电脑上绘画则不同，可以单独安排图层来绘画结构轮廓，所以可以稍微画得仔细一些，为后面的绘画提供更好的形态参考。水粉画一般不追求逼真再现，更注重画面中色彩与构图的整体美感，不同于现实中用颜料在水粉纸上进行的绘画，在 Painter 中可以反复修改或撤销绘画操作，直到得到满意的效果。

3　新建一个图层并命名为"背景"，将其置于"轮廓"图层之下，用以绘画背景图像，如图 10-29 所示。

4　打开"混色器"面板，按"脏画笔模式"按钮 ，使用画笔工具在调色板中调和出需要的背景色，如图 10-30 所示。后面的绘画中，都可以利用混色器对真实颜色调板的强大模拟功能，快速调和出需要的颜色进行绘画。

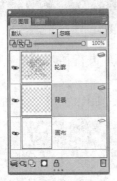

图 10-29　新建图层

图 10-30　在"混色器"中调色

在"混色器"面板中开启"脏画笔模式"后，调色时笔触会带上之前的颜料色，便于得到更逼真的颜料绘画效果，但有时也会因为调和颜色过度而发灰，应根据各部分实际绘画的颜色需要进行启用或停用，或者通过"颜色"或"颜色集材质库"面板选择单色进行应用。"混色器"面板中的调色过多时，可以通过面板扩展菜单中的"恢复默认混色器"命令，恢复至初始状态再进行调色。

    5 选择"水粉笔→精细水粉圆笔 30",涂绘出大面积的背景色彩,然后缩小画笔大小,调和出合适的颜色,并适当调整画笔的不透明度、颜色饱和度、颜色混合等参数,对背景画面进行适当的初步细化,如图 10-31 所示。

图 10-31 涂绘背景

    6 新建一个图层,选择"水粉笔→不透明细节画笔 7",对所有花朵进行一遍涂绘,如图 10-32 所示。

    7 调整画笔大小,对菊花的花朵进行适当的细化描绘,如图 10-33 所示。

图 10-32 初步涂绘花朵   图 10-33 细化描绘花朵

    8 使用"不透明细节画笔",对花瓶、花的茎干、叶片进行初步的绘画,如图 10-34 所示。

    9 调整画笔大小,对花瓶、花的茎干、叶片进行适当的细化描绘,如图 10-35 所示。

图 10-34 初步涂绘   图 10-35 细化描绘

10 对桌面上的其他物品进行涂绘，并适当细化局部细节，如图 10-36 所示。

图 10-36　描绘其他物品

11 设置合适的不透明度，对物品在玻璃桌面上的倒影进行描绘，如图 10-37 所示。

12 关闭"轮廓"图层的显示。在"背景"图层上，对所有物品在桌面上的阴影进行描绘表现，如图 10-38 所示。

图 10-37　描绘倒影　　　　　　　　　图 10-38　绘画阴影

13 对背景和主体的细节进行进一步的刻画，如图 10-39 所示。

14 适当表现出静物空间中的虚实对比，进一步对画面整体的光影关系和局部细节进行完善，完成绘画，如图 10-40 所示。

图 10-39　对细节进行刻画　　　　　　　图 10-40　对画面整体进行完善

10.4 印象派油画——秋日枫景

起源于法国的印象派绘画，以克劳德·莫奈于 1872 年在勒阿弗尔港口画的一幅写生画《日出·印象》开始兴起而闻名。在 Painter 2015 中，还提供了模仿画家莫奈绘画技法的画笔变量，可以很方便地尝试艺术大师的画作风格。本实例以一幅秋天枫林的风景画作为绘画内容参考，介绍利用艺术家画笔进行绘画创作的应用方法，如图 10-41 所示。

图 10-41　风景照片与绘画完成效果

1　打开素材库中为本实例准备的照片素材文件，新建一个尺寸为 1600×1200 像素的图像文件，设置分辨率为 300，然后选择绘画应用的纸张为"艺术家画布"，如图 10-42 所示。

2　选择"水粉笔→不透明细节画笔 10"画笔变量，新建一个图像图层并命名为"轮廓"，参考风景照片，简单勾画出画面中主体的位置、形状和结构关系，如图 10-43 所示。

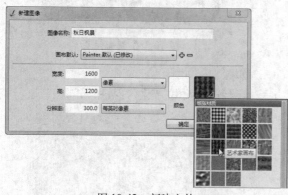

图 10-42　新建文件　　　　　　　　　　　图 10-43　绘画结构轮廓

3　新建一个图层并命名为"背景"，将其置于"轮廓"图层之上，用以绘画背景图像。选择"艺术家→印象派"画笔变量，设置画笔大小为 20，通过"颜色"面板选择亮蓝色，描绘画面中大树后面远处的背景。注意笔触方向主要为从上往下的斜向方向，在画面中心偏下位置笔触要集中一些，在上方树叶茂密处也涂绘一些，以表现透过树叶缝隙看见的背景，如图 10-44 所示。

4　按"]"键逐渐加大画笔大小，以画面中心向两边辐射并逐渐加深笔触色彩，如图 10-45 所示。

图 10-44　涂绘背景内容

图 10-45　增加背景笔触

5　在属性栏中修改画笔变量的"颜色混合"参数为 95%，"笔触抖动"为 1.5，然后设置黄色、橙色为主色调，红色、蓝色、绿色等为辅色，对地面进行涂绘，表现铺满落叶的地面效果，如图 10-46 所示。注意笔触方向以接近水平为主，笔触大小应由远及近逐渐变大。

图 10-46　涂绘地面背景

6　新建一个图层并命名为"枫树"，设置合适的颜色和画笔大小及较大的笔触抖动参数，涂绘枫叶。注意较远处颜色略浅偏橙红色，较近处颜色略深偏紫红色，在部分阴影处颜色略暗，如图 10-47 所示。

图 10-47　涂绘树叶

7　设置笔触抖动参数为 0.2，以蓝黑色描绘大树的枝干，如图 10-48 所示。

8　设置抖动参数为 0.15，以更暗的蓝色描绘枝干的暗部，以较亮的蓝色描绘枝干的亮部，如图 10-49 所示。

图 10-48　涂绘枝干

图 10-49　涂绘亮部和暗部

9 涂绘一些树叶，遮挡住部分树枝，增强层次感，如图 10-50 所示。

10 关闭"轮廓"图层的显示，对各部分的细节进行调整补充，得到完善的画面效果，完成绘画，如图 10-51 所示。

图 10-50　添加树叶

图 10-51　完善细节

11 下面为绘画完成的图像增强画布质感效果。执行"窗口→纸张"命令，打开"纸张"面板，修改"纸张比例"的数值为 60%，缩小纸纹显示比例，如图 10-52 所示。

12 对"背景"和"枫树"图层进行合并。执行"效果→表面控制→应用表面材质"命令，打开"应用表面材质"对话框，设置"量"为 30%，光照"亮度"为 1.3，为应用纸纹的图像略微提高光照亮度，如图 10-53 所示。

图 10-52　修改纸张比例

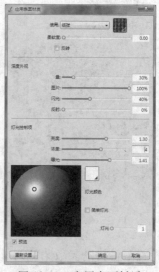

图 10-53　应用表面材质

13 如果图像中的色彩整体有些发灰，可以通过执行"效果→色调控制→亮度与对比度"命令，在打开的对话框中适当提高"对比度"的数值，增强图像中色彩的鲜艳程度，得到更完善的画面效果，如图 10-54 所示。

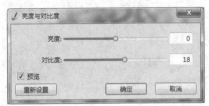

图 10-54　增强色彩对比度

10.5　动漫 CG——遨游

凭借丰富、全面的仿真笔刷，Painter 在动漫 CG 的创作中也发挥着巨大的作用，可以很方便地绘画各种卡通形象、动漫场景等。本实例利用多种画笔工具的配合应用，体验动漫场景画面的创作绘画，如图 10-55 所示。

1 按"Ctrl+N"键，新建一个尺寸为 1600×1000 像素的图像文件，设置分辨率为 300，纸张为"基本纸纹"，如图 10-56 所示。

2 选择"水粉笔→不透明平滑画笔 10"画笔变量，新建一个图像图层并命名为"轮廓"，然

图 10-55　实例完成效果

后简单勾画出画面的内容结构参考线：一条巨大的鲸鱼在旷野的天空中遨游，如图 10-57 所示。

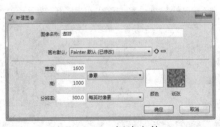

图 10-56　新建文件

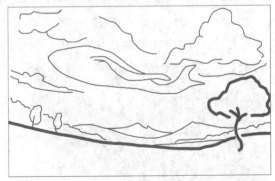

图 10-57　绘制参考线

3 新建一个图层并命名为"背景"，将其置于"轮廓"图层之上，用以绘画背景图像。将其图层合成方式设置为"胶化"，以便在绘画笔触后，还能参考到下层的轮廓参考线。

4 按属性栏末端的"高级画笔控制项"按钮 ，在打开的"笔尖剖面图"面板中选择"单像素边缘"按钮，设置画笔笔触为清晰边缘无柔边效果，如图 10-58 所示。

5 设置合适的画笔大小和颜色，在图像窗口中涂绘出天空的背景，如图 10-59 所示。

图 10-58 设置笔尖样式

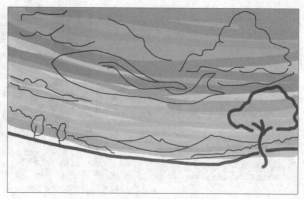
图 10-59 涂绘天空

6 应用 5%~15%的画笔不透明度，设置合适的画笔大小和颜色，对天空背景进行补充涂绘，使各颜色条中间过渡柔和，如图 10-60 所示。

7 设置笔触的"颜色混合"参数为 60%，设置合适的画笔大小、不透明度和颜色，用同样的方法，对背景中的草地地面进行绘画，如图 10-61 所示。

图 10-60 柔化颜色过渡

图 10-61 涂绘地面

8 对远处的山脉、两侧绵延的森林进行初步的绘画表现，如图 10-62 所示。

9 降低轮廓线图层的不透明度到 10%，然后在背景图层中对左边远处的两棵树和右边近处的大树进行初步的绘画表现，如图 10-63 所示。

图 10-62 绘制山脉与森林

图 10-63 描绘树木

10 关闭轮廓线图层的显示，恢复"背景"图层的合成方式为"默认"，然后选择"水粉笔→精细水粉圆笔"，设置合适的画笔大小、不透明度和颜色，对远处的山脉和两侧的森林图像进行细化描绘，如图 10-64 所示。

11 选择"水粉笔→不透明平滑画笔"，设置合适的画笔大小、不透明度和颜色，对天空中的云朵进行初步的描绘，如图 10-65 所示。

图 10-64　细化描绘山脉和森林

图 10-65　涂绘云朵

12 设置合适的画笔大小、不透明度和颜色，对天空中的云朵进行细化描绘，如图 10-66 所示。

13 分别对三棵树木进行细化描绘，如图 10-67 所示。

图 10-66　细化云朵

图 10-67　细化树木

14 选择"海绵→载色湿海绵"画笔变量，设置不透明度为 20%，选择合适的笔触大小，分别对三棵树木，以与树叶各部分相近的颜色在树冠上进行涂抹，得到斑点密布的树叶效果，如图 10-68 所示。

图 10-68　涂抹树叶

15 用同样的方法，对地面进行涂抹，提升草地的视觉效果，如图 10-69 所示。

16 新建一个图层并命名为"鲸鱼"，选择"水粉笔→不透明平滑画笔"，设置合适的画笔大小、不透明度和颜色，对遨游在天空中的鲸鱼进行初步的描绘，如图 10-70 所示。

图 10-69　涂抹草地

图 10-70　描绘鲸鱼

17 使用"水粉笔→不透明平滑画笔"，设置合适的画笔大小、不透明度、颜色混合和颜色，对鲸鱼的形象进行仔细刻画，如图 10-71 所示。

18 对其他细节进行调整完善后，选择"背景"图层并执行"效果→色调控制→亮度与对比度"命令，在打开的对话框中，设置亮度为–8，对比度为 18，增强背景中的色彩鲜艳程度，提升鲸鱼与背景的层次对比，完成绘画，如图 10-72 所示。

图 10-71　刻画鲸鱼细节

图 10-72　调整背景色调

参 考 答 案

第1章

选择题
1. B
2. A

第2章

选择题
1. C
2. D
3. C

第3章

选择题
1. B
2. C
3. C

第4章

选择题
1. B
2. D
3. C

第5章

选择题
1. A
2. B

第6章

选择题
1. C
2. C
3. D

第7章

选择题
1. B
2. C
3. D

第8章

选择题
1. C
2. B
3. B